幸福手作

小怪怪 • 著

重庆出版集团 重庆出版社

个人简介

小怪怪原名章晓琳，八0后女生。喜欢简单，热爱生活，是个平凡而乐观的女孩。

小怪怪这个名字，很多人第一次看见，会觉得这是一个奇怪的女孩，其实我很正常哦！和很多MM一样，有相同的爱好，也有相似的生活习惯，或许唯一不同的，是格外喜爱布娃娃，更喜欢亲手制作布娃娃。在我的家里，有成百个布娃娃，很多人会好奇地问我，那可以摆放得下吗？其实小怪怪很小气，几乎不太舍得把娃娃放在外面，总是包裹好了放进柜子里，偶尔才拿出来把玩一下。

制作娃娃是小怪怪业余生活中最开心的一件事，平时没有耐心的我，在制作娃娃时却格外的用心，每个娃娃都要反复地设计、修改。往往是从开始构思到制作出成品，娃娃已经截然不同了哦！看着光着身体的娃娃穿上了漂亮的时装，感觉非常的满足！多数人都会觉得，我这种年龄的女生，应该不会喜欢针线活，呵呵，其实DIY真的是一件很有意思的事情呢！在此我要感谢我的家人，他们非常支持我的这项爱好，帮我购买材料，并让我有足够的时间和条件来制作娃娃！谢谢你们无私的爱，正是这份爱，才让我有了更多的灵感和动力。

幸福手作

XINGFU SHOUZUO

目录 CONTENTS

前言 FOREWORD

一年的时间，又和大家见面了。

这一年对我来说，应该是很不寻常的一年，也是我制作娃娃最多的一年。两次签售，第四本书的出版，脱下穿了接近十年的军装以及许许多多的转变，工作、生活，都面临着新的挑战。曾经，简单的生活，悠闲的手工，是我最向往的生活方式，而今日，在新的办公桌前写下这些话，除了快乐，还有着些许的压力，无论如何，我都会加油的！喜欢我的朋友们，一起努力吧，愿这些可爱的娃娃们，让大家感受到幸福的无忧无虑。

非常感谢亲爱的张杨同志，在我的要求下多次陪我往返于各个公园拍照。让我觉得很幸福，不那么寂寞。感谢我的家人，还有一直支持我的，现实和网络中的朋友们，期待我们的再次相会。

这是鸭蛋妹妹的房间，给人很可爱，很温馨的感觉哦。

娃娃制作及材料要点

PP棉

PP棉其实就是腈纶棉，在很多轻纺市场都可以买到。选择的时候要选那些细腻、洁白、弹性也要好的棉哦！填的时候先把棉弄蓬松，一点点地填入，最后用针把它弄均匀，这样才会好看。脖子那里的棉要填多一些，这样娃娃的脑袋最后才不会摇晃，一个圆润可爱的娃娃身体才是制作娃娃的关键哦！

钮扣与娃娃眼睛

制作眼睛的扣子是很普通的黑色扣，市场上很容易买到。说起眼睛，书中也有用针线绣的眼睛，很简单，先用水消笔画好轮廓，然后用回针法，一点一点地绣好，圆眼睛在绣的时候容易变形，只要后期再描上轮廓然后修整一下就好。没有什么特殊的技巧。衣服上的扣子，在准备材料的时候可以选择个头小，颜色鲜艳，或者造型可爱的。

头发毛线

选择一些黑色或咖啡色的毛线，当然也可以根据自己喜好来选择颜色，小怪怪也曾经用过白色呢！效果一样不错噢！毛线的质量要好，不要用那种容易掉毛的，毕竟材料好了，做起娃娃才更有兴趣。粗的毛线争取每一根都用针穿过，细的毛线则一定要用线固定紧，否则容易脱落。

皮肤布

只要一点点弹性就好，不能太大也不能太小，弹性大的容易变形，没有弹性的话娃娃会有很多皱纹，非常不美观。初期如果找不到小怪怪这种肤色弹性适中的面料，也可以用斜纹棉布或者针织布代替。

不织布

不织布也叫无纺布，主要用于制作玩偶和简单的手工。有较软和较硬的两种，硬的可以做鞋、包等配件，软的可以用来制作衣服。买的时候要尽量选择质量好一点，颜色正一点的，毕竟色彩的协调是娃娃漂亮的关键。如果当地市场买不到，可以考虑在网上购买，很多初次接触手工的MM都是从不织布制作开始的。

各色布料

小怪怪给娃娃做衣服比较喜欢选择牛仔、毛绒、针织、摇粒绒、纯棉等面料，因为这些面料也可以用来制作我们成人的衣服，这样更为逼真时尚些。由于本书中娃娃的特色是时尚与可爱，所以尽量不要选择那些过于花哨的棉布，而应该选纯色，质地比较好的那种，有时也可以把自己的旧衣服用来制作娃娃，记得配色要协调。在和小怪怪学习制作某一个娃娃的时候，没有必要准备一模一样的材料，须知小怪怪材料收集了四年，都是顺手拿来使用的，大家可以用其他类似的代替，也可以使用完全不同的材料，只要自己喜欢就好噢！

小配件

生活中可以用于制作娃娃的材料实在太多，用旧的玩具，首饰等等都可以加工改造为娃娃的物品，这要靠大家自己去发掘了！制作娃娃是快乐和享受的事，一定要有耐心，仔细的根据书中教程慢慢来，这样才不会出错哟！

制作工具
Tools

1. 剪刀
2. 肤色布料
3. 毛线、填充棉
4. 各种布料
5. 不织布
6. 各种花边
7. 水消笔、胭脂
8. 黑色扣子及珠子
9. 装饰扣子
10. 配件
11. 针织布及绒布

1

2

3

4

5

6

7

8

9

10

11

制作身体

Body

1. 剪裁出图纸中身体各部位的形状
2. 在肤色面料上用水消笔描出形状
3. 缝合后剪下
4. 各部位分别缝合后翻转如图
5. 将做好的四肢内填入腈纶棉

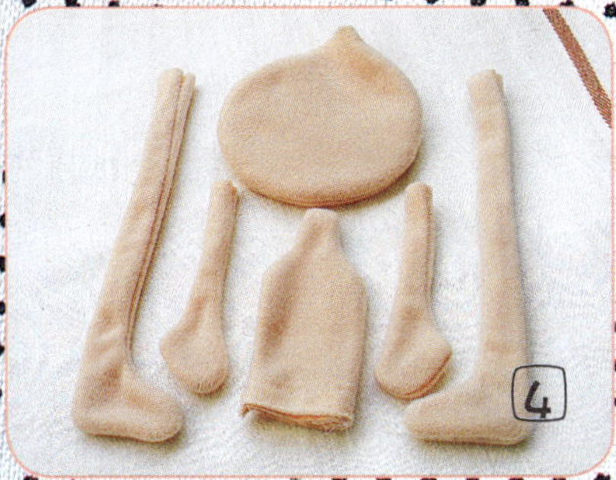

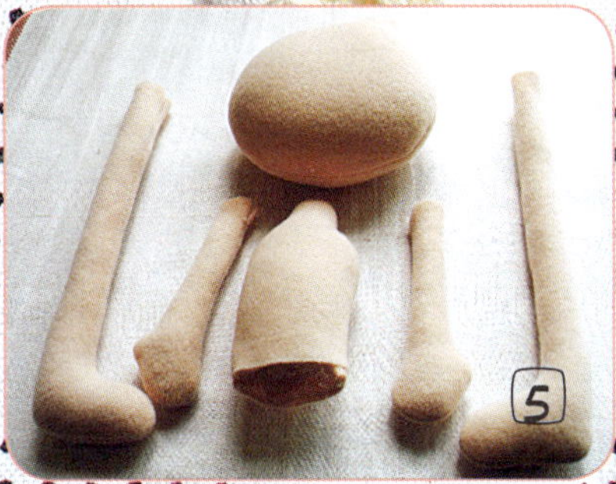

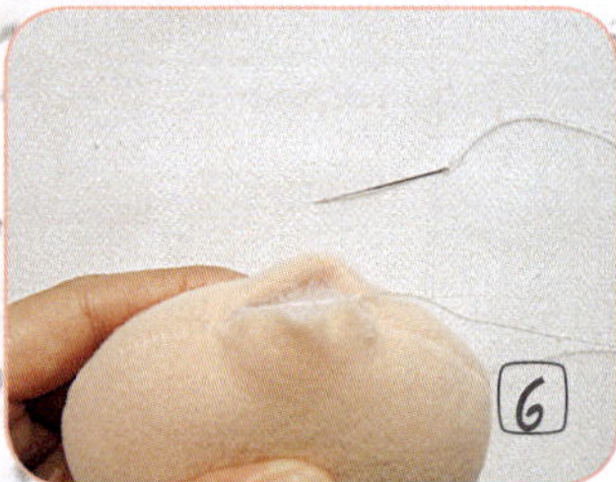

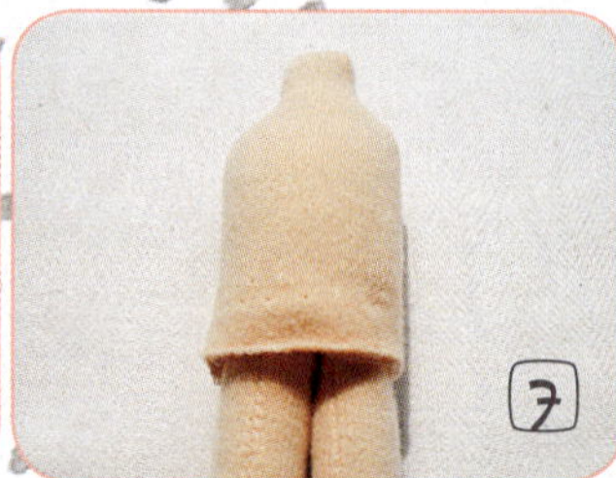

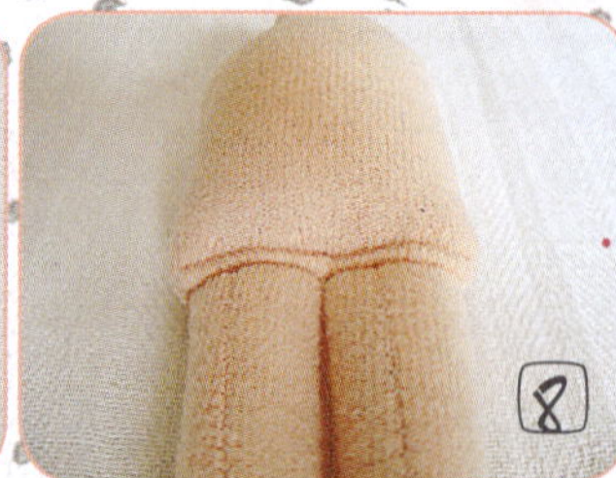

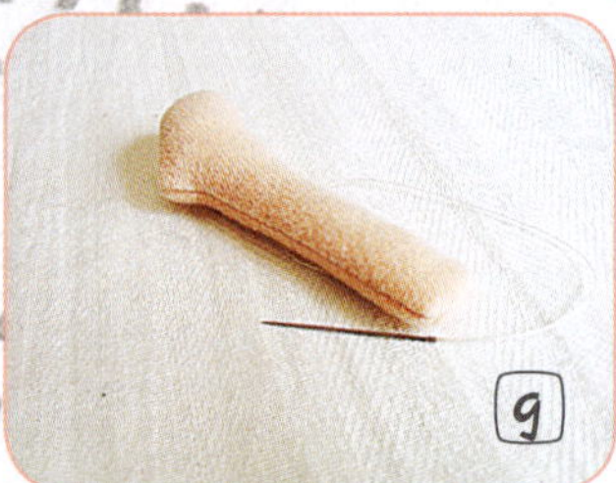

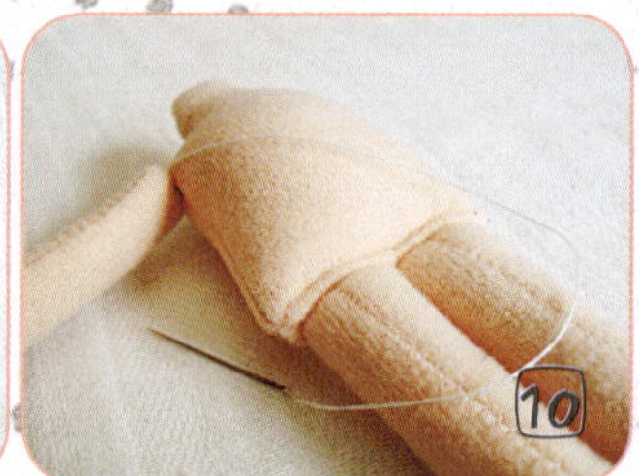

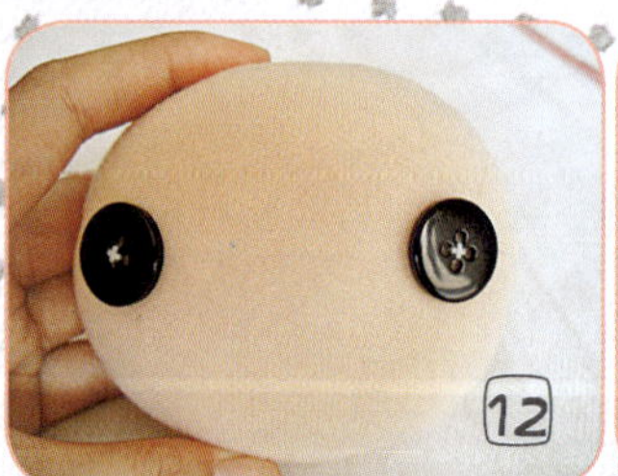

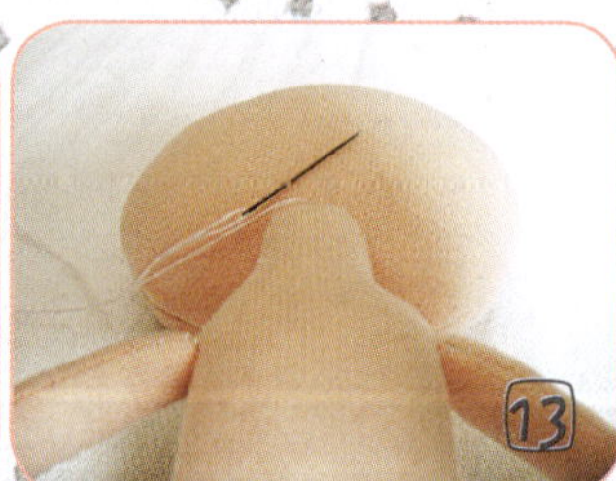

6. 把脑袋上的翻转口用藏针法缝合
7. 把两条腿调整好位置放入躯干中
8. 用回针法缝合
9. 将做好的手臂翻转口缝合上
10. 用藏针法固定在肩膀位置
11. 给娃娃缝上扣子做眼睛
12. 两只全部缝上
13. 将脑袋的后面与脖子固定在一起
14. 娃娃身体大概做好如图

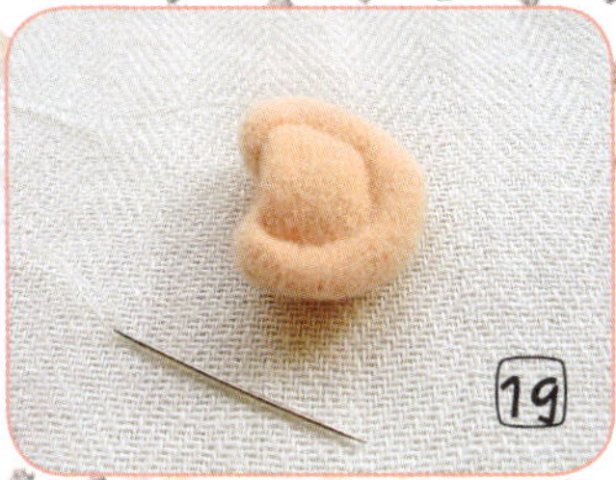

15. 剪裁出两个半圆形
16. 两片缝合在一起
17. 翻转到正面填入腈纶棉
18. 同样的方法制作一对，在外轮廓处如图压线一圈
19. 调整缝合出图中形状
20. 把耳朵给娃娃固定好，大致做好如图

小窍门

1. 填充的时候先把棉弄蓬松了再填入，在有皱纹的地方用针仔细挑匀。2. 脖子那里的棉一定要多，并且塞得牢牢的。3. 填充时可以借助筷子和镊子等工具。4. 一定要记得给娃娃打上胭脂，这样才是点睛之笔。5. 如果初次制作娃娃，建议采用扣子做眼睛，看起来会比手绣得精致些。

制作裤子
Pants

1. 准备黑色牛仔布料一块
2. 剪裁出长方形两片
3. 将顶端剪裁出图中形状
4. 把顶端的毛边挽进处理
5. 两片的上部在反面缝合
6. 把底端的毛边同样处理好
7. 将其从中间拉开形成图中形状
8. 把两条裤腿缝合
9. 翻转到正面，牛仔裤就做好了

制作普通鞋
Shoes

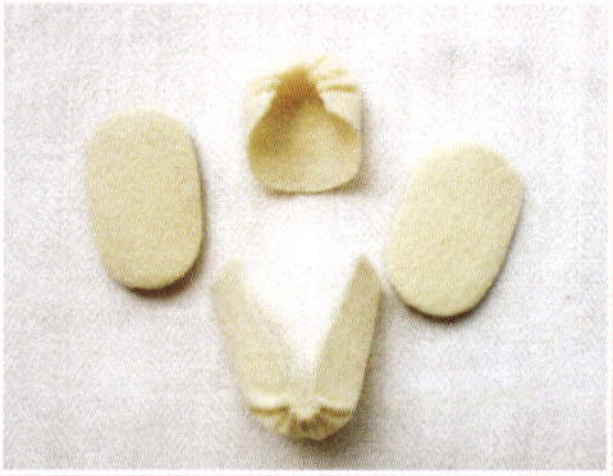

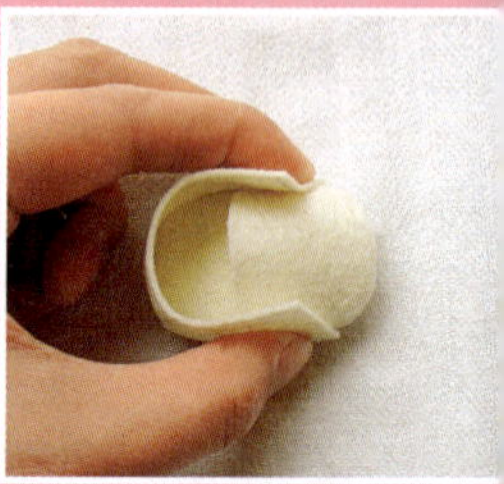

制作运动鞋

Sports Shoes

1. 把鞋子各片剪裁出图中形状（注意一定要有白色噢！）
2. 将白色和绿色的鞋子前片，分别减去上下端，然后缝合在一起（白色去掉下端，绿色去掉上端），形成一整片鞋面
3. 按照图中方法将鞋面缩缝抽紧
4. 鞋底同样缩缝，里面包入较硬的纸板或者其他代替品（其实酒店里那种一次性拖鞋的鞋底最合适）
5. 这样一个完整的鞋底才算做好（注意做的时候一双鞋同样鞋底要做四个，外底需比内底大一圈）
6. 把鞋面和鞋内底固定在一起
7. 将鞋子后片同样缩缝好
8. 把鞋后片固定上
9. 将内底和外底用藏针法固定（此处可参照果汁豆制作第48步）
10. 准备好白色蜡绳一根作鞋带，在鞋两侧打上一些小孔，串上蜡绳，娃娃鞋子就完工了

普通鞋子制作方法一样，就是简单些

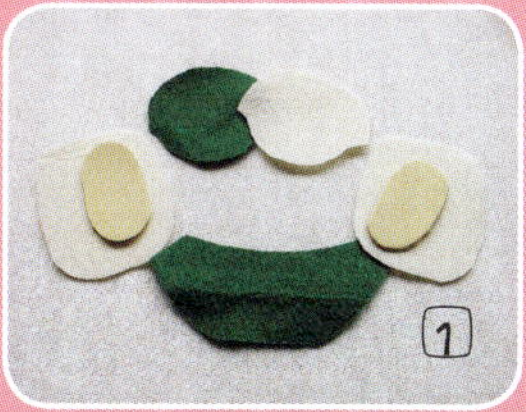

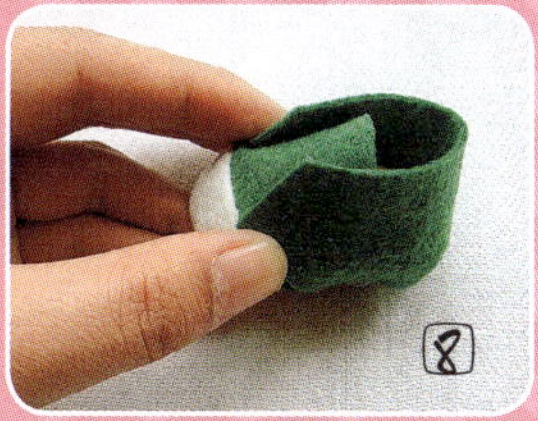

基本针法

Pants

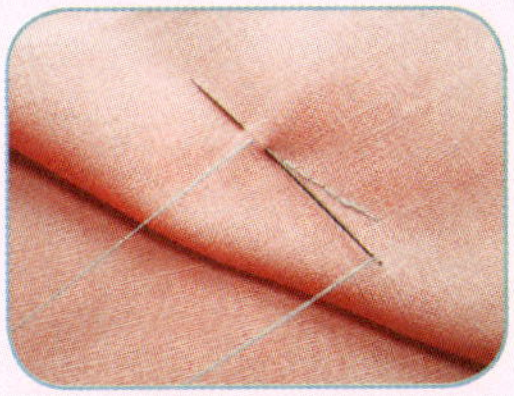

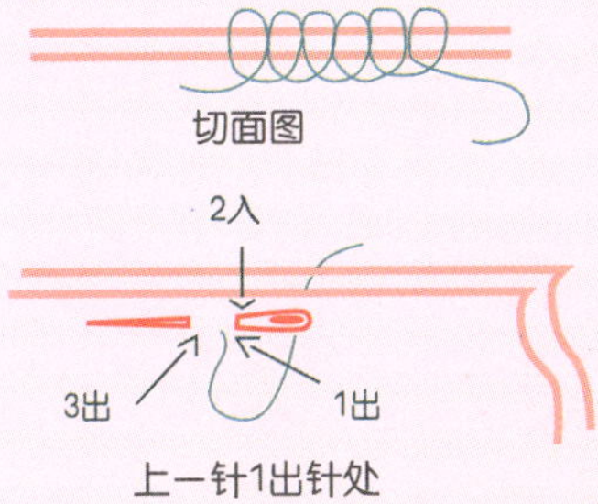

回针法

在布上，一直重复缝回上一个出针处，缝完看起来是没有断的缝线，能够很牢靠的将两块布结合。

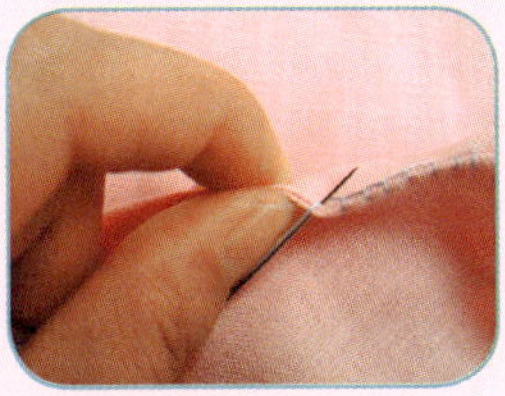

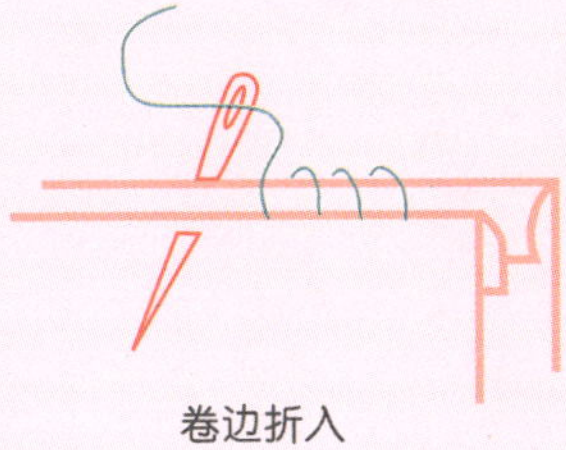

卷针法

在两片布上，一直重复同方向缝，好像在布边上卷了一道缝线。

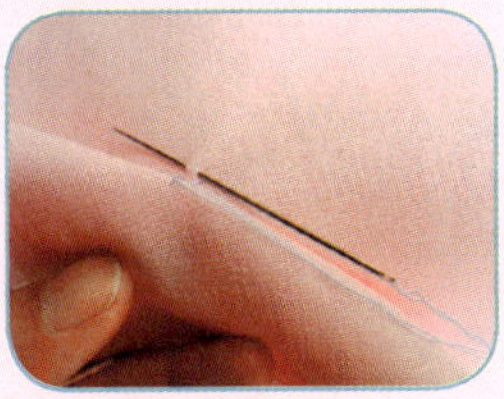

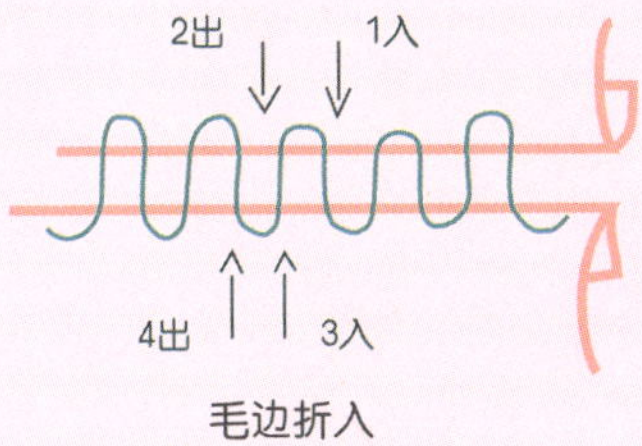

藏针法

ㄇ字形的缝法，在对应的位置缝合，线拉紧两块布密合，看不到缝线。

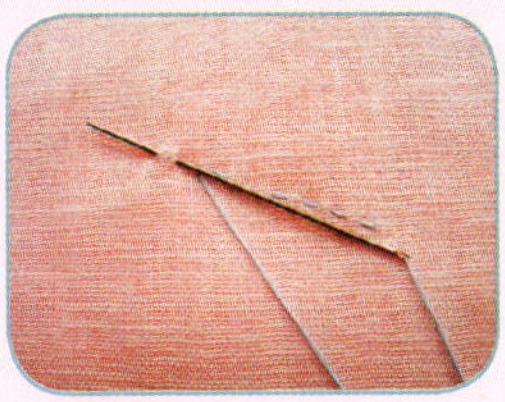

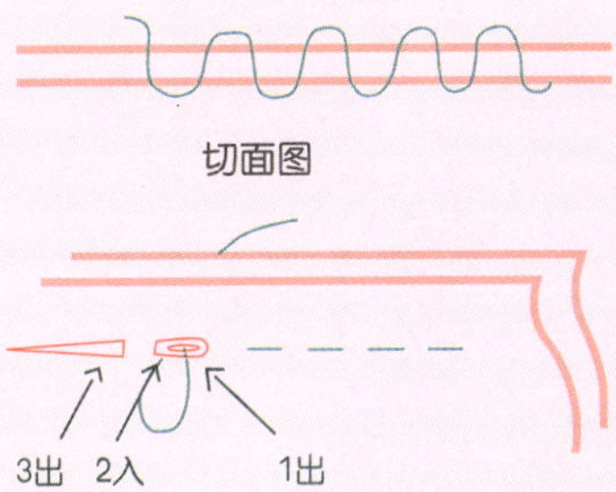

平针法

在布上，一上一下地缝制就是平针法，为拼合布块使用的方法。

生日：7月7日
身高：163 CM
生肖：狗
星座：巨蟹座
职业：设计师

热爱运动，擅长玩具设计。偶尔冷酷和不屑，却又有不经意的温柔和甜美。内向而话不多的女孩，恬静而安静。心思细密而又比较有主见独立的女生。不喜欢将自己的真实想法和感情表露于人，讨厌别人唠唠叨叨。独立自主并喜欢单枪匹马做事。不喜欢管人也不喜欢被管。

除了工作，我还有一间属于自己的摄影工作室哟！周末的时候，去拍一些漂亮或者温柔的照片，然后安静地在电脑前打上属于自己的水印，修片，调色，顺手贴两张更新一下自己的博客，引得一片垂涎。蓬头垢面的傻笑，深夜里疲惫地睡去。嘴角，却挂着满足而甜美的笑容。

制作心得

这是书中的第一个娃娃。因为放了长假，每天都在家里，于是就慢慢的做，头发用白色的羊毛线，这样就不会粘了满脸的黑色绒毛。从她开始，每个娃娃都有了耳朵，可以聆听这个世界。去年国庆节的时候，曾经伴随我在杭州少儿频道露脸，呵呵，自己现在穿衣的风格，和她也很相似哦。

制作过程

需要材料 1. 皮肤色布料 2. 黑色扣子 3. 填充棉 4. 白色毛线 5. 白色蜡绳 6. 白色、玫红色、黑色、咖啡色不织布 7. 花形、心形装饰扣 8. 黑色米珠 9. 硬纸板 10. 牛仔布 11. 蓝色、白色针织布 12. 白色毛绒 13. 点点棉布 14. 花边 15. 白色棉布 16. 蓝白色条纹棉布 17. 黑色织带

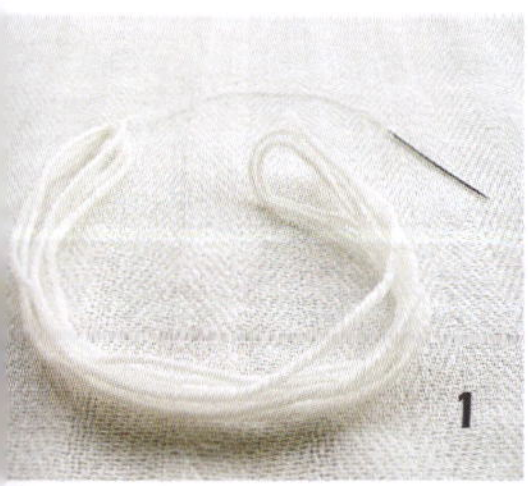
1

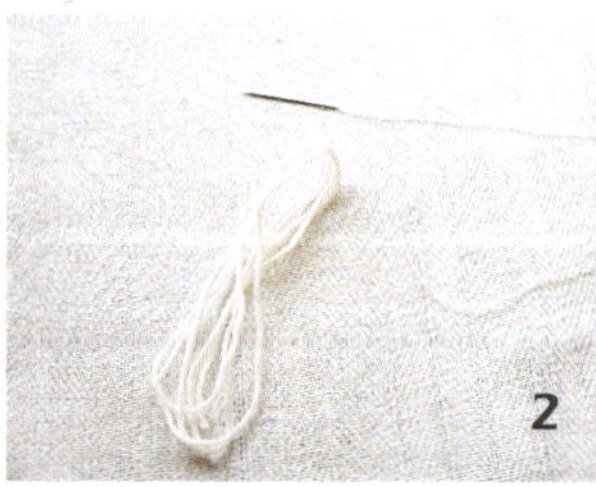
2

3

4

9

10

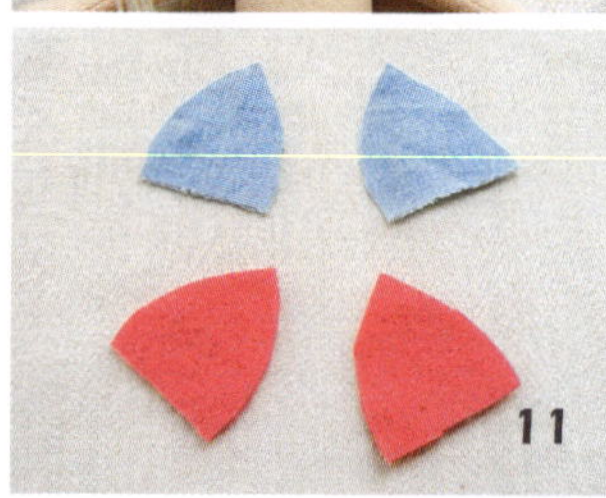
11

12

1. 取一组毛线对折用针穿过
2. 固定在图中位置
3. 从左到右依次固定好一排如图
4. 取同样的一组较短的毛线
5. 如图固定好
6. 依次添加另外一组
7. 把娃娃前额覆盖满
8. 用剪刀将做好的头发修出形状
9. 给娃娃扑上胭脂
10. 绣出鼻子和嘴巴
11. 用针织布和玫红色不织布剪裁出四片三角形
12. 两片分别缝合
13. 翻转到正面
14. 给娃娃固定在头上
15. 准备白色及蓝色针织布，黑色织带一条
16. 将蓝色针织布裁剪出图中形状，添加黑色织带大致位置如图

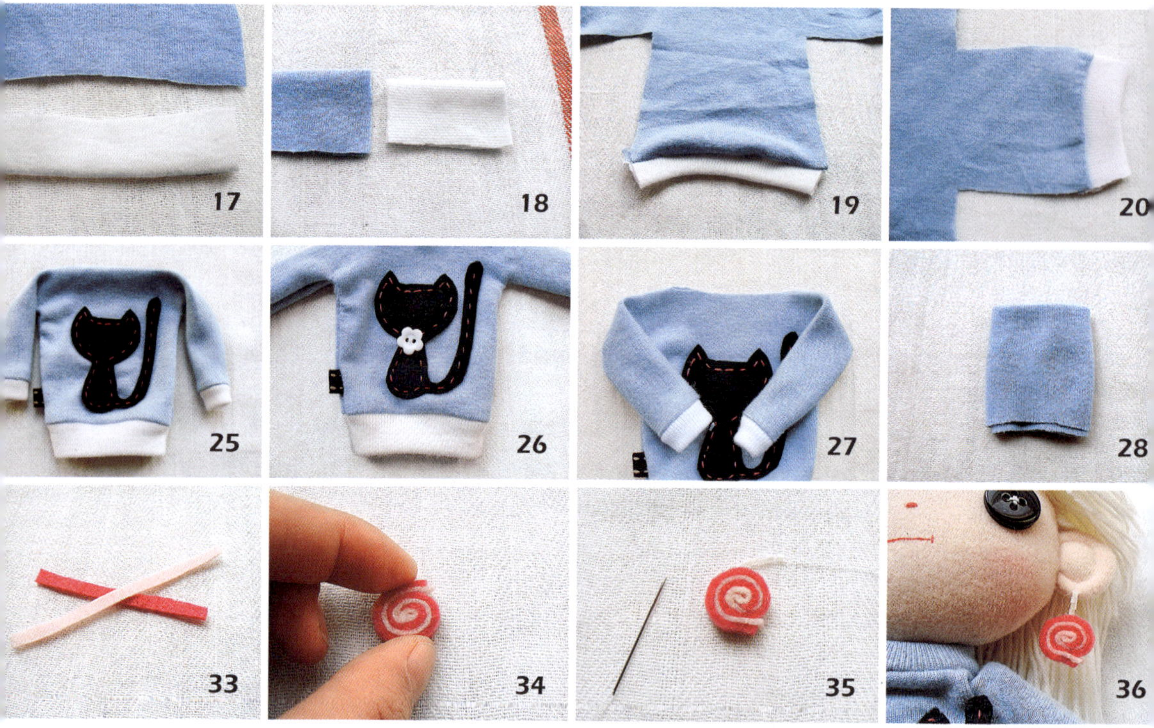

17. 用白色针织布剪裁出长条一块
18. 袖口处同样
19. 将白色布条和蓝色针织布固定
20. 袖口固定好如图
21. 按照图中方法在反面缝合
22. 翻转到正面如图
23. 用黑色不织布剪裁出小猫咪形状
24. 放于事先制作好的衣服上
25. 用红色线固定
26. 在脖子处添加装饰扣一枚
27. 用剪刀挖出领口
28. 用蓝色针织布做出圆筒当作领子
29. 和衣服领口固定在一起
30. 装饰上黑色心形

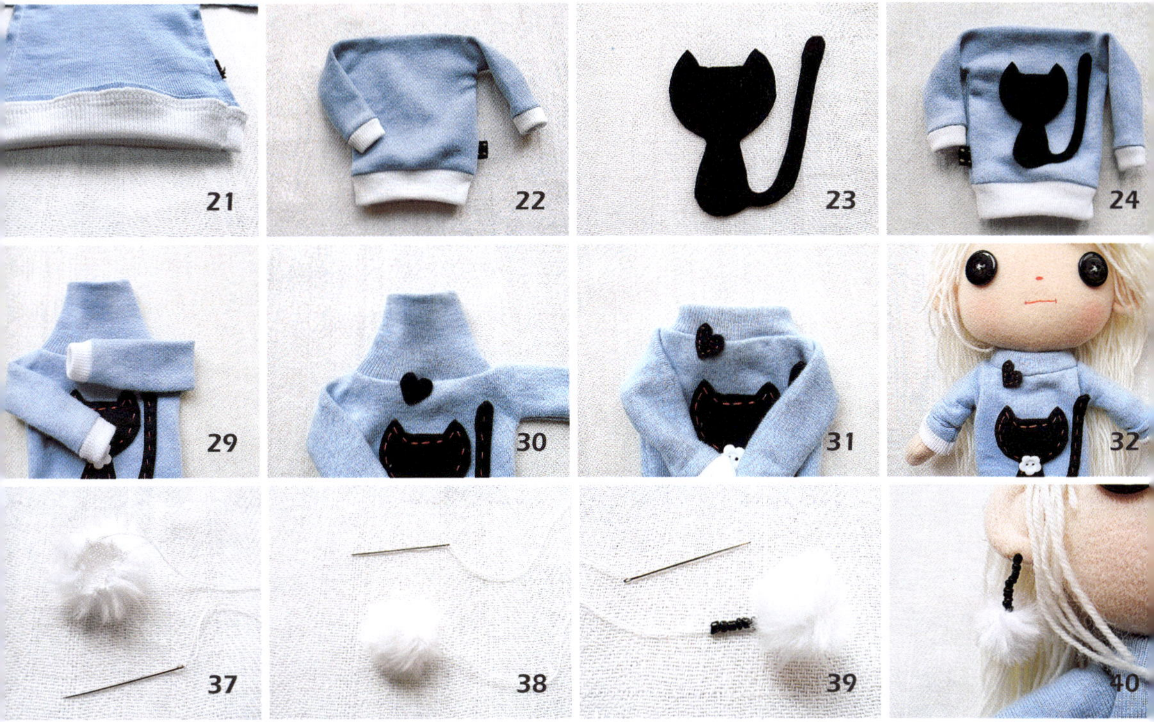

31. 把领子调整出合适长度
32. 给娃娃套上效果如图
33. 把粉色和玫红色不织布剪裁出两根细条
34. 把它们卷在一起
35. 用针线固定好，串上珠子
36. 固定在娃娃的耳朵上
37. 把白色毛绒布剪裁出圆形，缩缝好
38. 用力抽紧做出小圆球
39. 同样串上珠子
40. 固定在娃娃的另外一只耳朵上

41

42

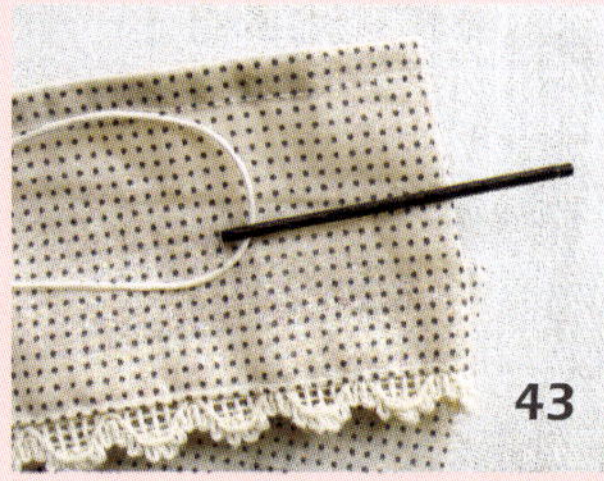
43

44

49

50

51

45

46

47

48

52

53

54

41. 准备长方形点点棉布一块
42. 在底边加上花边，然后缝合成一个圆筒形
43. 将毛边处理好以后，借助黑色卡子串入白色蜡绳在腰部
44. 穿好抽紧，做出蓬蓬裙
45. 参照裤子的制作方法给娃娃做出裤子
46. 把裤子和裙子给娃娃穿上效果如图
47. 把白色棉布和蓝色条纹布缝合在一起如图
48. 在顶端加上花边
49. 两边缝合固定，反转到正面如图
50. 把白色蜡绳六股辫在一起
51. 固定在包上当作包带
52. 最后在包上加上一些装饰
53. 根据娃娃腿部底端的制作方法给娃娃做出袜子一双
54. 同样用牛仔裤的制作方法给娃娃做出短裤一条

（鞋子参照小怪怪鞋子制作方法）

糖 果果

生日：6月1日
身高：160CM
生肖：牛
星座：双子座
职业：蜻蜓仙子

精灵界的蜻蜓仙子，最爱五颜六色的甜蜜糖果。每个清晨，我给大家带来晶莹的露珠。

超级机灵的女孩，喜欢忙碌和追求新的概念及做事的方法，一个善良快乐的MM，喜欢爱与被爱的感觉，天生浪漫、活泼、热情、多变。

即使是精灵，也难免有吵架的时候呀！那个可恶的美琪，为什么她总是丢三落四，昨天送给她的糖果，居然被弄丢了！真是太不在乎我们的友谊了，我感觉自己的感情受到了伤害呢，还是，我确实有点小心眼？哎，真是矛盾呀……

无论如何，除非她主动找我说话，我才会原谅她哦！

制作心得

制作的时候，最开始是打算做个男孩子，后来因为刚买了一块白色的绒布，于是乎，就有了她。裙子其实很简单，关键在于帽子和蜻蜓的制作上，设计了一番。带她去拍照的时候，3月的阳光严重地晒伤了我，加上花粉过敏，很是郁闷了一番。

制作过程

需要材料 1. 皮肤色布料 2. 白色、蓝色绒布 3. 填充棉 4. 白色毛线 5. 米珠 6. 白色缎带 7. 粉色点点棉布 8. 白色花边

1. 用针将白色毛线缩成一团
2. 缩好如图
3. 分别固定在娃娃头上
4. 调整出自己喜欢的行装
5. 后面全部覆盖满
6. 用水消笔画出五官大致形状
7. 如图回针法
8. 绣出月牙
9. 加上睫毛
10. 给娃娃绣好五官，缝好头发
11. 准备好白色绒和粉色点点棉布
12. 将长方形白色绒底端毛边挽进处理
13. 对折缝合成筒状
14. 将顶端剪去两个三角形
15. 在反面缝合后翻转
16. 用同色绒布扎起一角

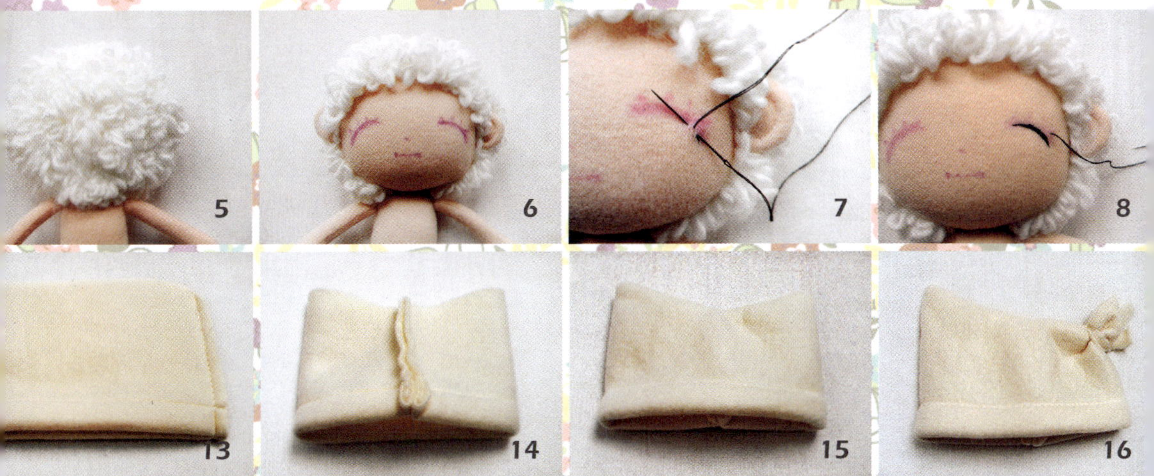

17. 另外一端相同，给娃娃戴上
18. 另外准备一块长方形绒布，将底端的毛边挽进
19. 对折缝合成筒状后，上面用针线缩缝
20. 缩至合适大小，给娃娃穿上
21. 用珠子做成吊带，固定娃娃裙子
22. 珠子反面连接如图
23. 裙子下摆加上花边起装饰美化效果
24. 分别用白色绒和点点布剪裁出图中形状
25. 两片分别缝合后，将多余部分剪去
26. 翻转到正面
27. 将翻转口分别用藏针法缝合
28. 加上珠子做装饰
29. 同样用藏针法，缝在裙子后
30. 规划好距离和位置后，翅膀缝好如图
31. 用蓝色和白色绒剪裁出小花瓣和花心

32. 把花瓣折一下，然后用针穿过
33. 五片全部用此方法抽在一起
34. 将花心缩缝成小球,缝在花的中间
35. 固定在娃娃裙子上
36. 用粉色点点布剪裁出心形
37. 用艳丽的线回针缝在裙子上
38. 缝合好如图
39. 用白色丝带做出蝴蝶结
40. 串上三粒珠子

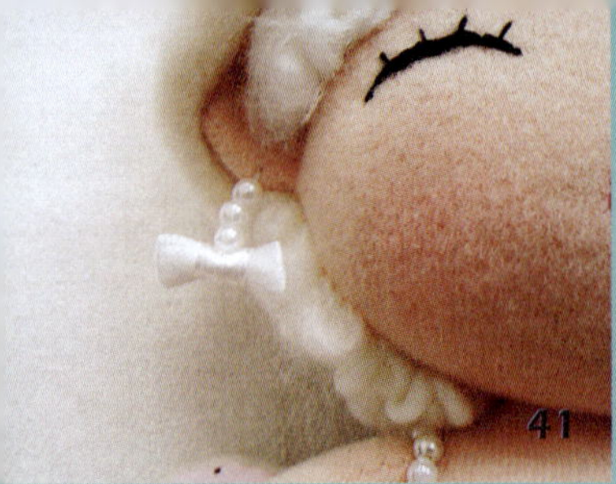

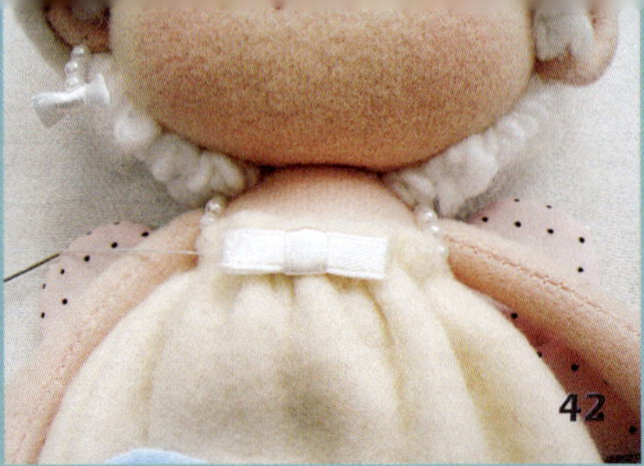

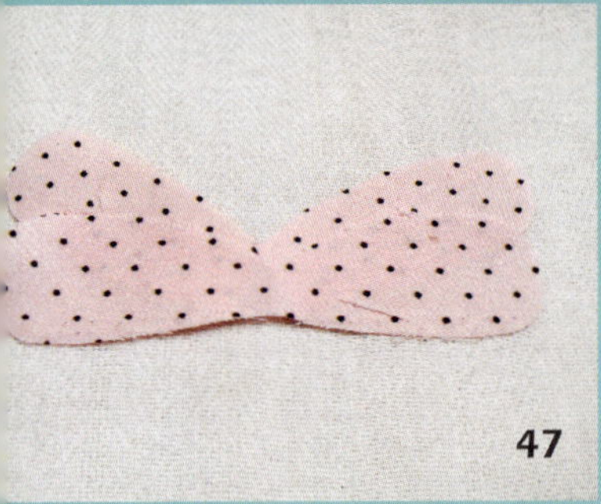

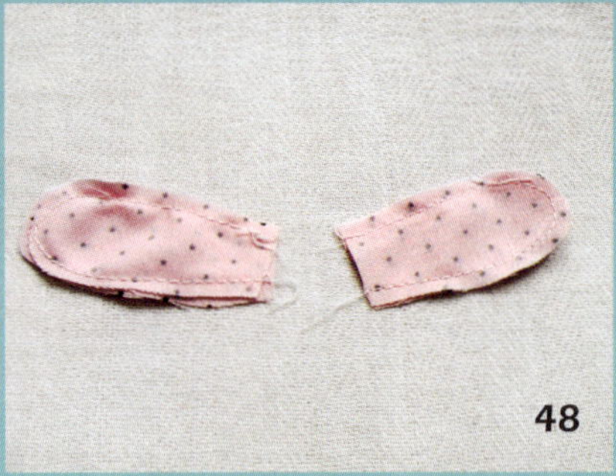

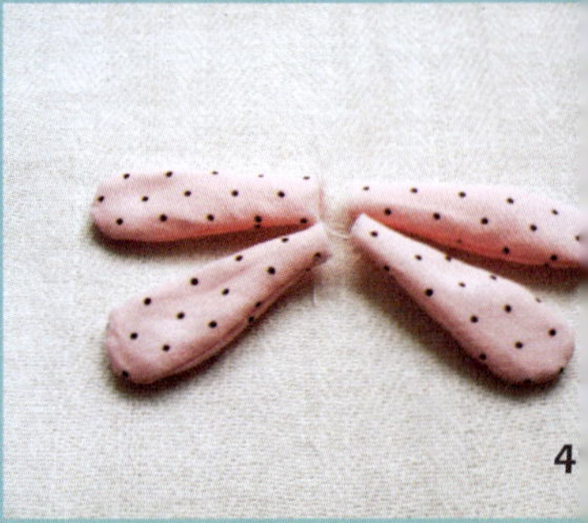

41. 缝在娃娃耳朵上做耳环
42. 衣服前同样缝上蝴蝶结
43. 展示效果如图
44. 用蓝色绒制作鞋子一双
45. 将绒布剪裁出花朵形
46. 缝在鞋子上
47. 剪裁好蜻蜓翅膀共八片
48. 两片分别缝合
49. 翻转到正面
50. 用白色绒布剪裁出细长的椭圆，两片缝合
51. 翻转到正面缝上翻转口
52. 做好的蜻蜓组件如图
53. 在身体的前部缝上珠子做眼睛
54. 翅膀也同样缝上珠子
55. 用白色线在身体上端缩缝，做出脑袋，身体同样缩缝

56. 先将两片翅膀缝合在一起

57. 另外两片同，然后和身体连接

58. 最后放在娃娃的帽子上做装饰

美琪

生日：4月6日
身高：159cM
生肖：虎
星座：白羊座
职业：蝴蝶仙子

精灵界的蝴蝶仙子，淘气可爱，蛮横骄傲的女孩，有着强烈的好奇心、婴儿般地充满着天真灿烂的情怀，不服输洋溢着热情活力，充满自信而固执热情且永远天真未泯的人。像孩子般的活力充沛，神经很大条。

小可爱送的糖果，真的是被我弄没啦，其实我只想知道，这样丢下的一份甜蜜，会不会下起一阵甜甜的雨。小朋友们张开嘴巴，是不是可以品尝到精灵界的甘露呢？对我来说，真是个头疼的问题呢。

不管怎样，我决定把我最爱的小白兔送给她，这样，糖果果就不会不开心了吧（*^__^*）嘻嘻……

制作心得

2008年8月制作的她，从开始到结束，娃娃经历了几次大换血，换了头发，换了五官，换了衣服，换了鞋……自己都不记得还保留过初稿的什么东东。开始总是不满意，觉得颜色黯淡，娃娃呆板，没有生气，一直到最后改成现在的样子，很满意。2009年3月拍的照片，真是够懒的。

制作过程

需要材料 1. 皮肤色布料 2. 粉色毛线 3. 填充棉 4. 粉色咖啡色绒布 5. 米色点点布 6. 灰色针织布 7. 白色蜡绳 8. 白色毛绒 9. 各色花扣 10. 白色花边 11. 米珠 12. 白色、粉色不织布

1. 给娃娃做好头发
2. 修剪出合适的刘海儿
3. 准备一撮同色的头发
4. 给娃娃缝在脑袋上
5. 编成小辫子
6. 把剩余的头发全部辫好
7. 给娃娃画出五官
8. 用针线绣好
9. 在头发顶的辫子上缝上一个装饰的蝴蝶结
10. 剪裁咖啡色长方形绒布一块
11. 对折缝合后翻转
12. 按照图纸剪出图中四片形状

1
2
3
4
5
6
7
8
9
10
11
12

13. 两片分别缝合
14. 翻转到正面
15. 填入腈纶棉
16. 打折后，把翻转口缝好
17. 分别缝到做好的发带两边
18. 用棉布剪裁一个小圆片，边缘缩缝
19. 填入腈纶棉后用针线抽紧
20. 藏针法固定在发带的两侧
21. 娃娃发饰就做好了噢
22. 用咖啡色绒布剪裁出衣服形状
23. 在反面缝合
24. 翻转过来

25. 挖出领口
26. 剪裁出四片半圆，以备做领子
27. 两片分别缝合
28. 缝在衣服上
29. 将后面的毛边用藏针法挽进处理
30. 缝上装饰蝴蝶结
31. 粉色绒布剪出翅膀形状四片
32. 分别缝合
33. 翻转到正面
34. 填入腈纶棉
35. 边缘压一道线，把翻转口缝合
36. 缝在图中位置上，注意两片对称

37. 缝好翅膀上部的衣服如图
38. 再将粉色绒布剪裁出四片水滴形，并分别缝合好
39. 填入腈纶棉，把翻转口缝上
40. 周围压一道线
41. 仔细地和前面缝好的翅膀连接在一起
42. 缝好后在底端加上珠子做装饰
43. 注意在裙子下面加一条花边做装饰
44. 用蜡绳和白色毛绒制作一个绒球
45. 缝在衣服领子下
46. 再缝上一些彩色纽扣做装饰
47. 把准备好的点点棉布对折缝合成圆筒形，备用做裙子，并把腰部的毛边挽进
48. 另外一边加上花边
49. 在腰部用绳子抽紧（方法见前面娃娃裙子制作）

50. 把粉色绒布剪裁出兔耳朵形状，两片分别缝合
51. 翻转到正面
52. 再剪裁出图中半圆四片，两片分别缝合后翻转
53. 绣上鼻子嘴巴
54. 再缝上眼睛
55. 把耳朵缝在做好的半圆上部，与做好的另外一片半圆用藏针法固定起来
56. 用编好的蜡绳做包带
57. 在兔耳朵上缝上花扣做装饰
58. 用白色针织布制作出短裤
59. 用白色针织布制作出袜子
60. 再制作鞋子一双

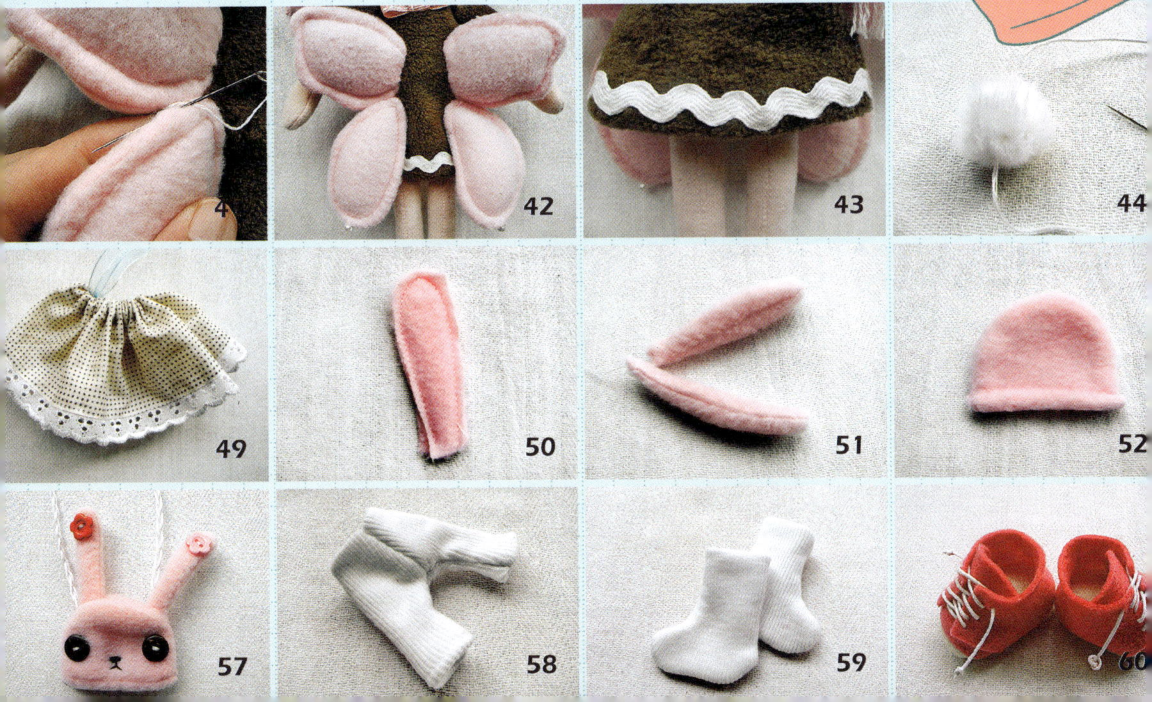

果汁豆

生日：9月29日
身高：80cM
生肖：鼠
星座：天秤座
职业：成长中的小宝宝

还没有长大的小宝宝，他可不是那个让父母头疼的小新噢！虽然也爱流口水，啃手指，但多数时候，是个安静的乖宝宝！好奇心强，好问问题。必须了解、解释和预测身边发生的事，有着科学探索的热情，对于自己的智力很有信心，或许将来会是科学家呢！

虽然妈妈说，蛋糕要等到晚上，客人来的时候一起吃，可是那颗红色的大草莓，还有巧克力的香味，实在是让我流口水。真的不能怪我偷吃，我是被迫的哦，即使捏着鼻子，香味还是会飘进来呢……

制作心得

很多人看了照片后，都超级喜欢他，呵呵，一副婴儿懵懂的模样。用了我最喜欢的粉蓝色加粉色组合。那时候突然想做一套连体装，加了口水兜，还煞有介事地做了一个宝宝玩的摇铃，呵呵。再后来拆了一个木头的餐垫，给他做了家具，布置了房间。纸篓是宜家买回来的一套两只装笔筒，另外一个较大的，在偶电脑台上，慢慢的，全是五颜六色的水溶性铅笔，我的最爱。

果汁豆的房间好漂亮哦，羡慕中……

暖暖的阳光晒得
我好舒服呢！

制作过程

需要材料 1. 皮肤色布料 2. 粉色、蓝色绒布 3. 填充棉 4. 咖啡色毛线 5. 粉色、白色、蓝色不织布 6. 各类花边 7. 铃铛 8. 灰色针织布 9. 各色扣子 10. 蜡绳 11. 按扣

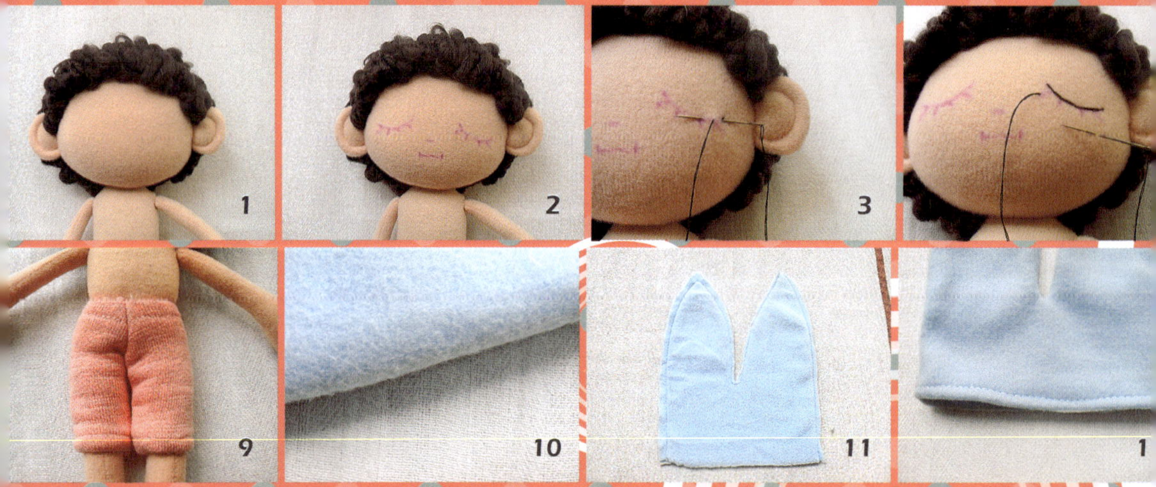

1. 按照前面制作短发的方法给娃娃做好头发
2. 用水消笔画出五官
3. 用回针法绣眼睛
4. 绣好如图
5. 接下来再绣出睫毛
6. 将眼睛加粗
7. 同样方法给娃娃绣出嘴巴
8. 制作娃娃短裤一条
9. 给娃娃穿上
10. 准备好蓝色绒布一块
11. 剪裁出图中形状两片，缝合如图
12. 翻转到正面，将帽边挽进去
13. 给娃娃戴上
14. 用蜡绳将耳朵扎上
15. 两只全部扎好如图
16. 在帽子两端缝上蜡绳

17. 给娃娃扣在脖子下面固定
18. 根据图纸剪裁出衣服形状两片
19. 根据裤子的宽度，准备好约为裤子宽度一半的针织布
20. 袖子那里相同
21. 将针织布拉长和绒布固定上
22. 两只袖子和裤脚全部缝上
23. 将衣服两片缝合在一起，注意留出领口
24. 翻转到正面
25. 将领口的边挽进
26. 给娃娃穿上效果如图
27. 准备粉色绒布一块
28. 剪裁出两片图中形状
29. 缝合后翻转
30. 将翻转口用藏针法固定
31. 在做好的口水兜上缝上装饰花边
32. 在两端缝上按扣
33. 钉上装饰扣

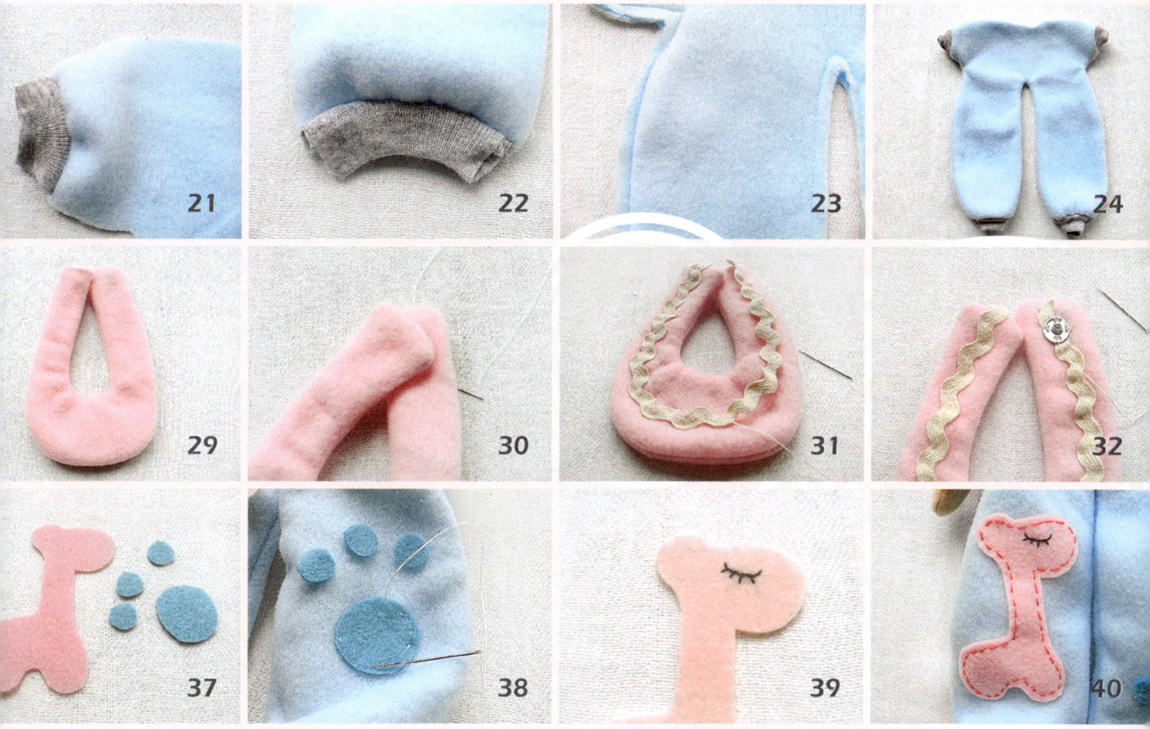

34. 再缝上稍长的花边做装饰
35. 口水兜完工啦
36. 给娃娃戴上
37. 用不织布剪裁出图中形状
38. 将小脚爪缝合在裤子上
39. 给长颈鹿绣出眼睛
40. 同样将长颈鹿也缝合在裤子上

41

42

43

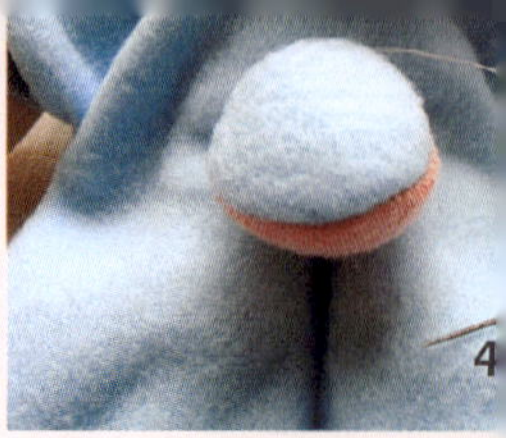
4

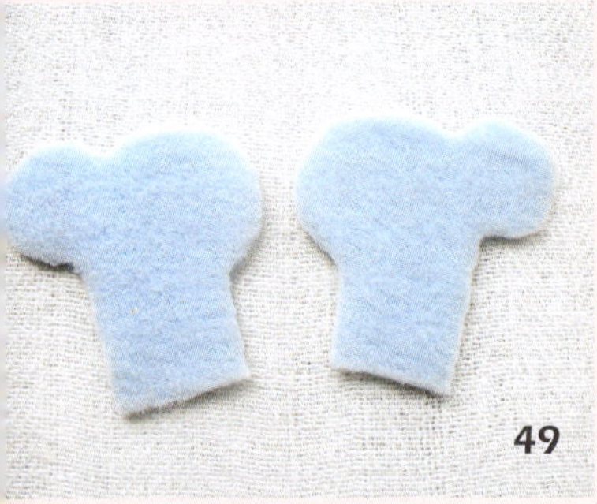
49

50

5

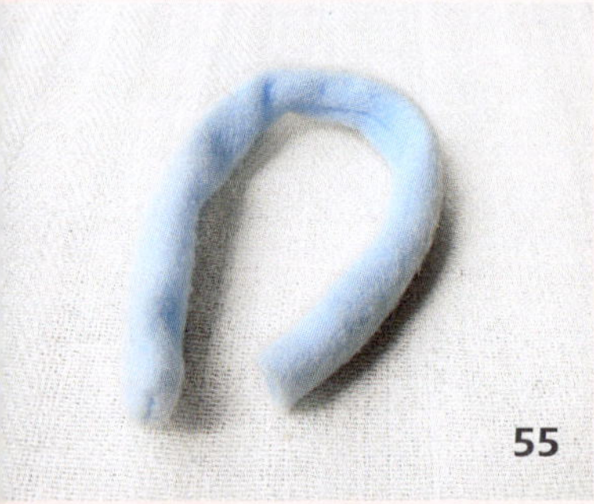
55

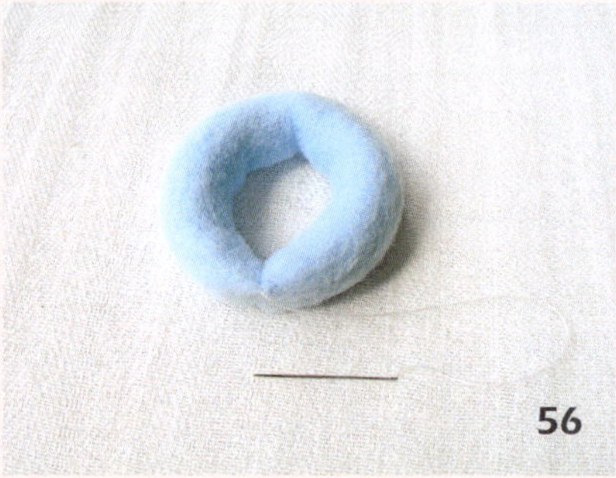
56

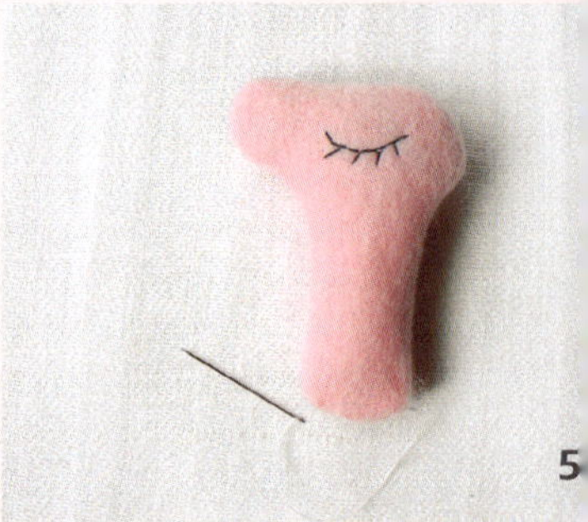
5

41. 在娃娃帽子上缝上蝴蝶结
42. 将两片布缝成小尾巴形状，填入腈纶棉
43. 用藏针法将翻转口缝合
44. 同样用藏针法固定在衣服后
45. 剪裁出图中鞋子形状
46. 分别用缩缝法抽紧
47. 将鞋面和内底固定
48. 同样用藏针法把外底也固定上
49. 用蓝色绒布剪裁出长颈鹿形状
50. 两片缝合后翻转
51. 制作蝴蝶结
52. 把蝴蝶结固定在长颈鹿脑袋下方
53. 缝合在鞋面上，可爱的拖鞋就做好咯
54. 用蓝色绒布剪裁出长条对折缝合

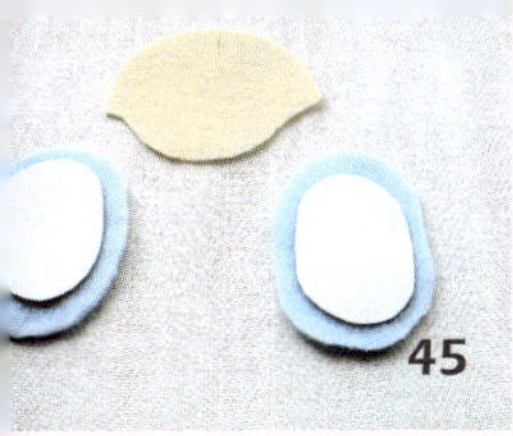
45

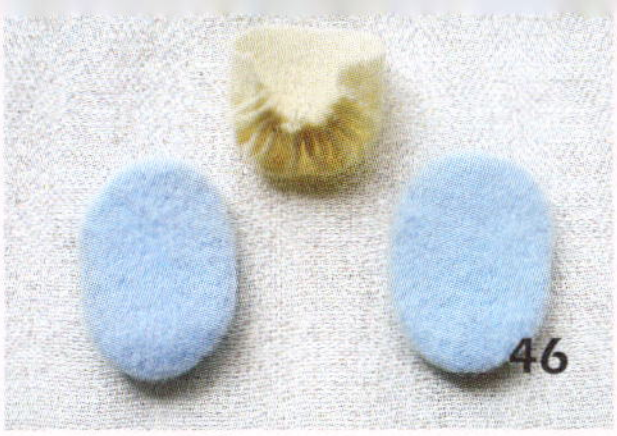
46

47

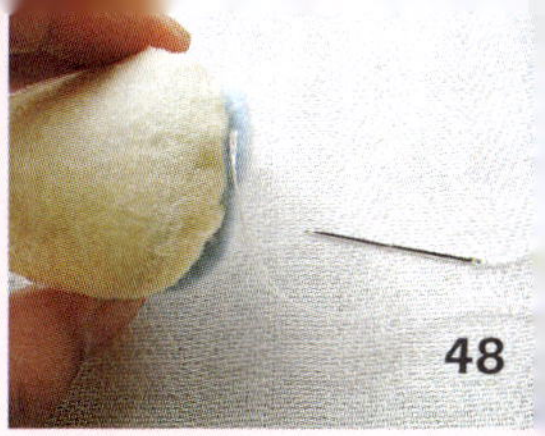
48

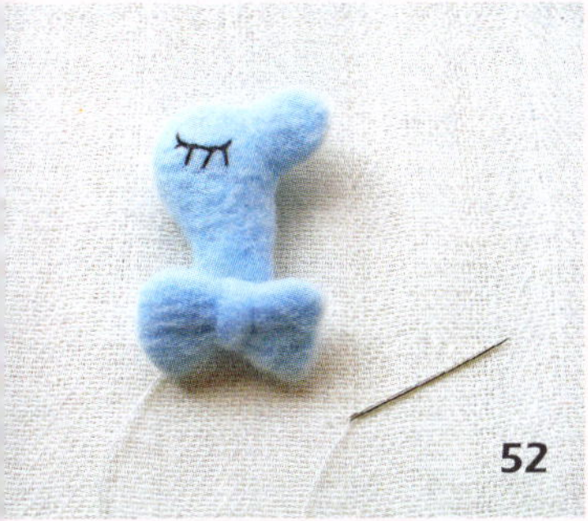
52

53

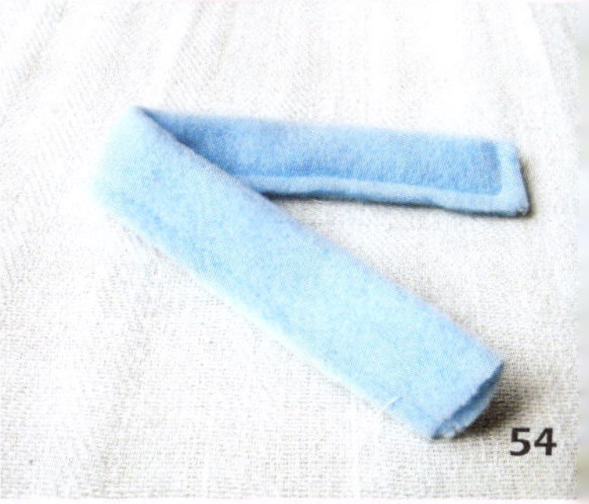
54

58

59

60

55. 翻转后填入腈纶棉
56. 缝成一个圆形
57. 用前面方法做出长颈鹿脑袋
58. 脑袋下用织带做蝴蝶结一个
59. 把鹿头和圆圈固定在一起
60. 在鹿头下缝上铃铛一个，做成宝宝的摇铃

阿呆

生日：12月31日
身高：177CM
星座：摩羯座
生肖：猴
职业：程序设计师

其实是个闷骚的男生了，哈哈。鸭蛋的男朋友。看起来满脸的憨厚。

友善、热心、内向，喜欢与人为伍，喜欢扮演帮助别人的角色，喜欢当焦点人物并乐于处在团体的中心位置，会修理各种简单或者复杂的电器，从换灯泡到修电视，都是高手噢！处事圆滑，却不对别人使用心计，值得交往的男生。

即使不爱劳动，也想装成一个勤奋的男人；即使觉得那个LV实在奢侈，也要找个合适的理由转移目标；即使偶尔看看美女，也会觉得还是矮胖的她最美；即使知道她在耍心眼撒娇，也必须装作无辜的样子配合。我不是演员，只因为爱她。不是说，爱她，就要把她宠成神，我的神呀！我唯一的要求，就是逛街的时候，请饶了我吧！

制作心得

和以前做的生肖娃娃有点点像，但是这个连帽衫是自己设计的最新款式。加了恶魔角，牛年嘛，所以来了一把跟风。过年的时候，被我带到老公的家乡去，夹着牛角的照片就是在那里拍摄的。很喜欢这个迷彩的裤子，自己也一直想买，总是未能如愿。

来个在劳动的
POSE吧!

制作过程

需要材料 1. 皮肤色布料 2. 黑色扣子 3. 填充棉 4. 咖啡色毛线 5. 黑色、绿色、红色绒布 6. 白色、咖啡色不织布 7. 迷彩布 8. 蜡绳 9. 棉布

1. 给娃娃缝上头发和五官
2. 用黑色绒布剪裁出帽子后片
3. 同样用黑色绒布剪裁出帽子中片
4. 缝合好如图
5. 将毛边挽进
6. 剪裁出T的形状
7. 制作好娃娃上衣
8. 挖出较大的领口
9. 将做好的帽子和领口固定在一起（注意先把两边位置调整好固定，再固定后面，便于调整）
10. 做好的连帽衣服如图
11. 用红色绒剪裁出两片三角形
12. 对折缝合
13. 翻转到正面
14. 填入腈纶棉后将填充口缩缝
15. 用藏针法缝在娃娃的帽子上
16. 缝好后给娃娃戴上如图

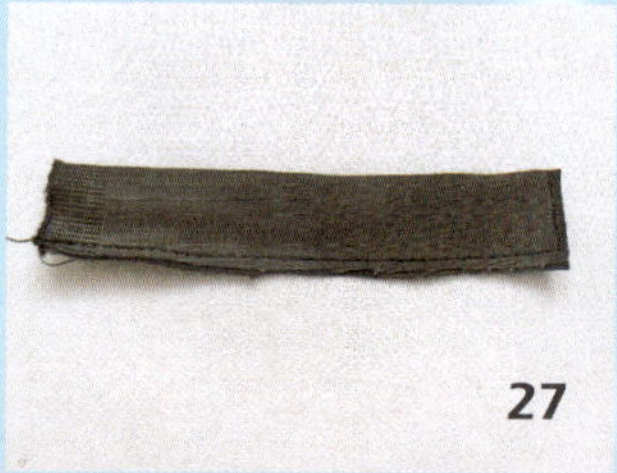

17. 用黑色绒布剪裁出六边形
18. 把六条边的毛边全部挽进
19. 先把最上端和衣服固定
20. 再缝合两侧
21. 最后将底边固定在一起
22. 在前面缝上一颗纽扣
23. 用白色不织布剪裁出两块骨头
24. 用红色线固定在衣服前

XING FU SHOU ZUO

25. 用迷彩帆布制作裤子一条，方法参照前面牛仔裤做法
26. 用迷彩布制作小口袋一个
27. 剪裁出长条帆布，对折缝合
28. 翻转到正面压线
29. 将压好线的迷彩布条缝在小口袋后面
30. 拉到前面，制作成包盖
31. 缝上扣子做装饰
32. 用藏针法缝在裤子一侧

33. 缝好口袋的裤子如图
34. 剪裁好图中各片形状
35. 把黑色绒和绿色绒连接在一起
36. 把绿色绒布做成包,翻转到正面，黑色做包盖
37. 用棉布做出大小合适的内里
38. 用藏针法将内里和包固定在一起
39. 分别用绿色和黑色绒制作两个长条
40. 分别将翻转口缝合

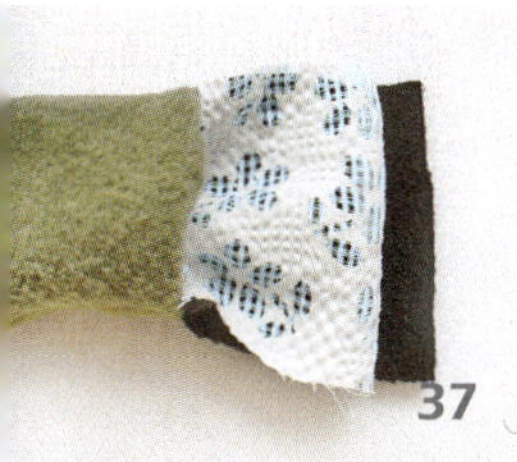

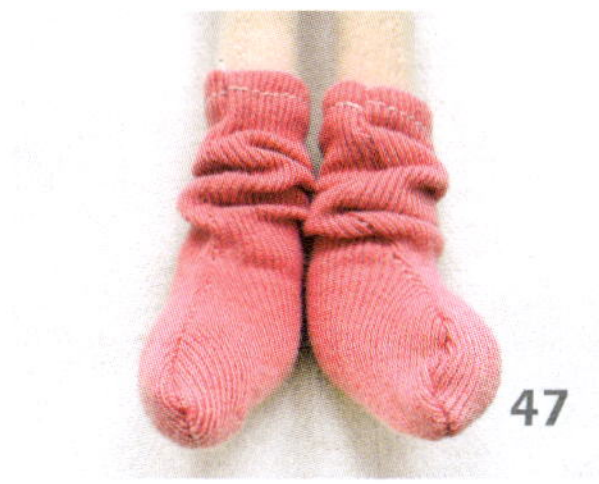

41. 黑色缝在包下方的中间做尾巴
42. 绿色如图做成包带
43. 把红色和黑色绒布做成耳朵
44. 把翻转口缝合
45. 缝在黑色绒布上
46. 包做好如图，是个小猫的样子噢！
47. 给娃娃制作袜子一双
48. 再制作运动鞋一双

小怪怪

生日：10月16日
身高：166CM
生肖：狗
星座：天秤座
职业：小有名气的作家

“我又不是故意的！”已经成了我的口头禅。丸子妹妹最好的朋友，偶尔欺负一下丸子，也是一件很快乐的事情哟！

任性而单纯，经常粗心做错事情的女生，比如忘记了正在烧开水就急着出门，偶尔兴致好根据菜谱做菜却总是不成功，容易被失败打倒却又乐观的阿Q，喜欢有难度的活动，敢于冒险又总是以失败告终。有着幸福的家庭和自己无比热爱的工作。

买不起很多LV，也不能拥有那款漂亮的CHANEL眼镜，还有那个新款的蒙奇奇项链，这些，都让我垂涎……不过我也是个容易满足的小女人，那些匡威，那些阿桑娜，虽然便宜，也不能阻挡我的美丽，穿在身上，至少很阳光啊！嘿嘿！生活嘛，开心就好，日子嘛，平淡就好，奢侈品嘛，没有也罢……谁都不许说我是在自我安慰！

制作心得

第一次设计了这么一个表情，蛮横而又可爱的样子，应该是个很得宠的小女生吧。那时候网购的娃娃家具刚好拿到，天气又难得的好，一气呵成了她的写真。我本人的最爱，呵呵。

有时候，觉得她真像我自己。

制作过程

需要材料 1. 皮肤色布料 2. 白色、绿色、咖啡色不织布 3. 填充棉 4. 黄色毛线 5. 黑色格子布 6. 粉色、灰色、白色针织布 7. 绿色点点布 8. 黑色、白色米珠 9. 按扣 10. 白色纱布 11. 花边 12. 扣子 13. 蜡绳

1. 按照前面的方法给娃娃缝上头发，打上腮红
2. 用水消笔画出五官（这个是小怪怪最初设计的五官，后来觉得不可爱，就换啦）
3. 用回针法根据图案绣眼睛
4. 先将圆圈绣好
5. 再填满黑色
6. 五官绣好如图（修改后版本）
7. 用灰色针织布剪裁出T的形状
8. 侧面沿轮廓缝合（注意留出领口）
9. 翻转到正面做成T恤
10. 将袖口毛边挽进（也可在缝合前提前挽进）
11. 底端加上花边
12. 同样将领口的毛边挽进
13. 在领口加上一圈花边
14. 用白色花边制作蝴蝶结一个
15. 缝合在领口
16. 剪裁出图中形状

5

6

7

8

13

14

15

16

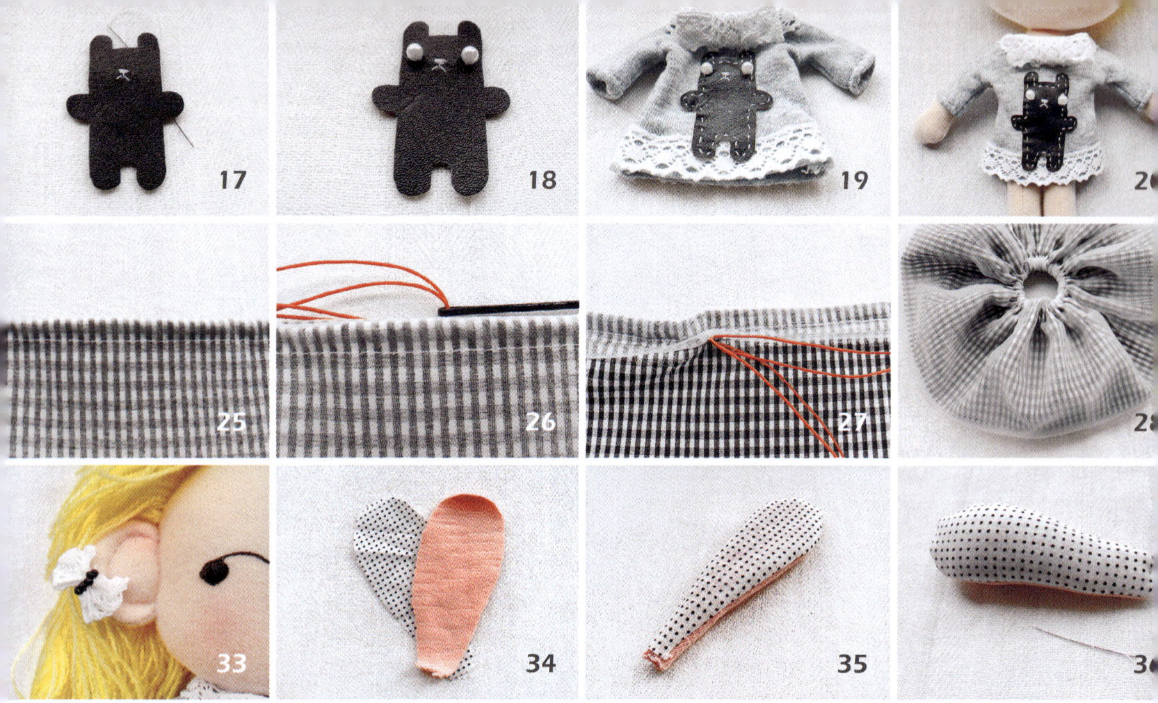

17. 用白色线绣出鼻子
18. 用白色珠子做眼睛
19. 缝在衣服上
20. 娃娃上身效果如图
21. 给娃娃制作短裤一条穿上
22. 准备长方形黑色格子和白色纱一块
23. 重叠在一起
24. 对折缝合制作成裙子
25. 将裙子腰部毛边挽进去
26. 用黑色卡子穿上皮筋
27. 在腰部挽进去的地方剪开一道小口借助卡子将皮筋穿入
28. 穿完后拉紧，将卡子取下，然后打结，做成太阳裙

29. 给娃娃穿上如图
30. 在裙边缝上装饰的蝴蝶结
31. 用黑色珠子和白色花边做成耳坠
32. 给娃娃缝在耳朵上
33. 另外一只耳朵稍作变换
34. 用白色点点布和针织布剪裁出兔耳朵形状（要做两只噢）
35. 缝合后翻转
36. 填入腈纶棉，将翻转口缝上
37. 把黑色格子剪裁成三段长条
38. 一段用皮筋固定
39. 结成小辫子
40. 把做好的兔耳朵缝上

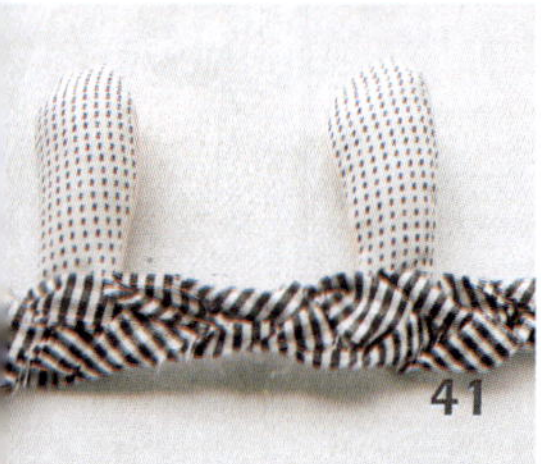

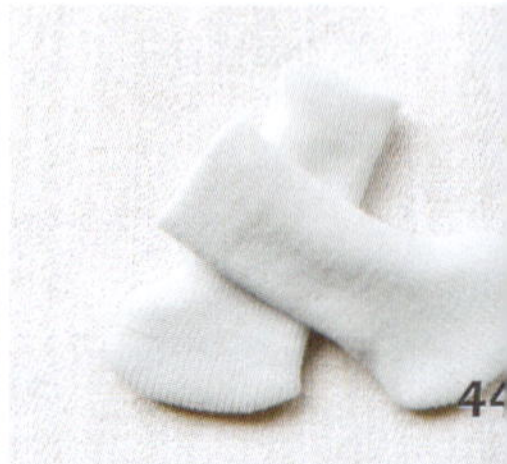

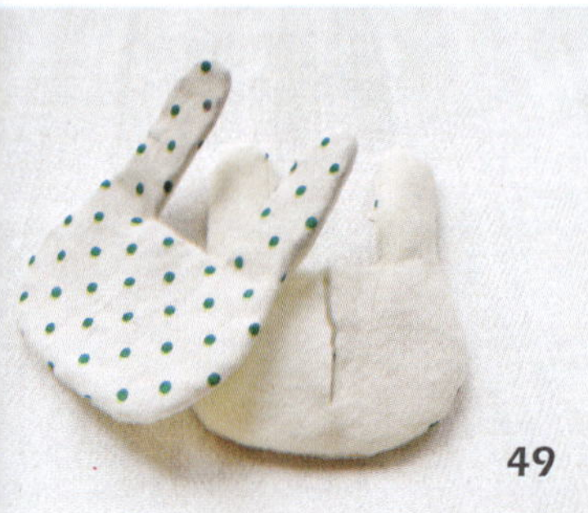

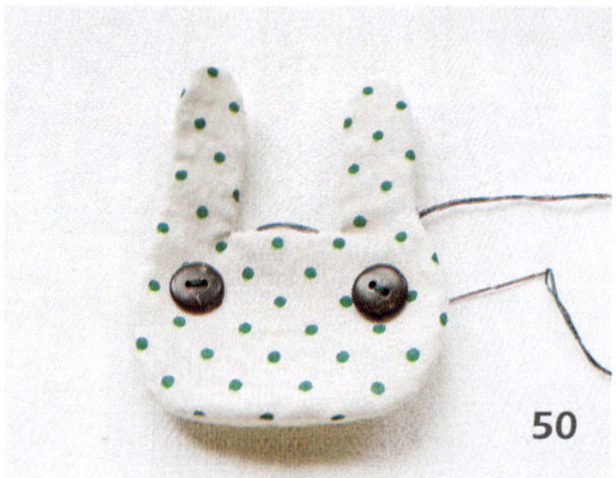

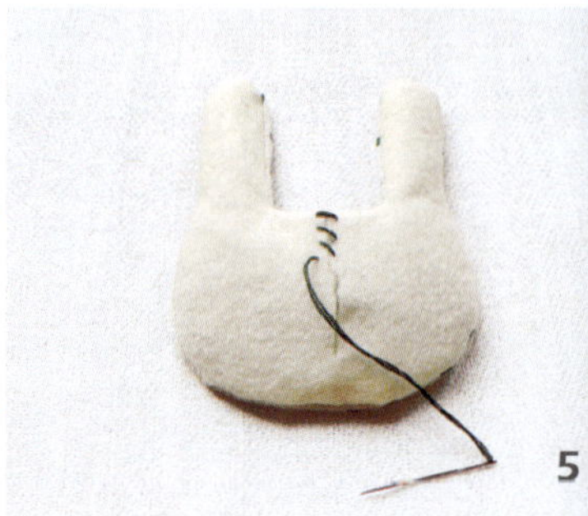

41. 发带做好如图
42. 低端加上按扣方便固定
43. 用前面的方法给娃娃制作运动鞋一双
44. 以及白色棉袜一双
45. 用绿色点点布剪裁出小兔脑袋形状（绿色方便和鞋子配套噢）
46. 分别和白色不织布缝合在一起
47. 把多余部分剪掉
48. 打上牙口（方便翻转光滑），并且在白色不织布上剪裁出一条翻转口

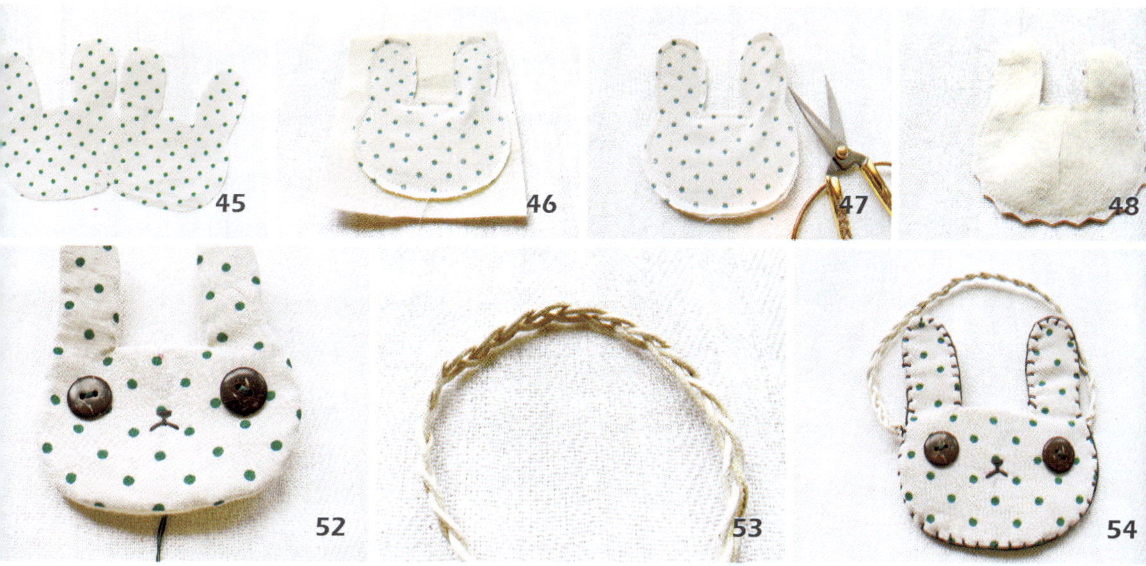

49. 翻转到正面（两片做好如图）
50. 在其中一片上钉上扣子做眼睛
51. 把翻转口缝上
52. 绣出鼻子
53. 用白色蜡绳编成包带
54. 将包带小心的固定在两片中间，并且用绿色的线，锁边法把两片缝合在一起。小兔包包就制作好了

鸭蛋

生日：4月27日
身高：165CM
生肖：猪
星座：金牛座
职业：时尚杂志编辑

酷酷的女生，偶尔泼辣，在男朋友面前，却又小女人。小心眼加小器，胆小又善良。不懂得控制自己情绪的女孩，所以经常得罪朋友，却也容易得到谅解，一个懂得撒娇却又独立的小女人。喜欢休闲帅气的穿衣风格。妄想、自恋、逃避，虽然早已长大，却仍然恋恋不舍喜欢用奶瓶喝水。

谁都不许说的我名字土，谁也别认为我是在搞崇拜。这个名字，从小就叫了哦，我就是那个超级任性的坏脾气鸭蛋。火锅、烧烤、麻辣烫，这些垃圾食品，统统是我的最爱！懒惰、馋嘴、记性坏，嘘……好像都是我的缺点哦。你以为这样的女生会没人宠爱吗？错了错了！我很幸福的，嘿嘿，不说了，怕你会嫉妒，嘎嘎！

制作心得

小怪怪的商标就是根据她来制作的呢，依然是斜视的眼睛。用了和牛娃娃一样的迷彩布做裤子，是去年最热的时候，跑了很远的路和好友一起购得。其实就是很一般的帆布，上衣仔细地用珠子做了一颗装饰的心形，有时候，妈妈和老公也会叫我鸭蛋，哈哈！

制作过程

需要材料 1. 皮肤色布料 2. 粉色、白色针织布 3. 填充棉 4. 咖啡色毛线 5. 迷彩布 6. 粉色、玫红色、白色、咖啡色不织布 7. 管状珠 8. 扣子 9. 织带 10. 蜡绳

1. 给娃娃缝好头发和五官
2. 在侧面挑一撮扎起来
3. 剪裁好图中形状各片
4. 把白色不织布按图中方法剪出围成圈的长条
5. 剪好如图
6. 再把长条修剪得细些
7. 反面涂上热熔胶
8. 粘在粉色不织布上
9. 在两片粉色不织布中间夹上织带，把不织布用锁边法缝合
10. 缝好如图
11. 给娃娃戴在头上
12. 制作出短裤一条
13. 用前面的方法制作出娃娃的T恤一件
14. 同色不织布剪一颗心
15. 缝上珠子装饰
16. 将做好的心缝在衣服上
17. 准备迷彩帆布一块，上端的毛边先挽进
18. 剪裁出大小相同的两块
19. 两侧去掉两个三角，然后缝合
20. 裤脚毛边同样挽进
21. 按照前面做裤的方法缝合
22. 翻转到正面
23. 准备好正方形一块，长条一块
24. 将它们三边固定在一起

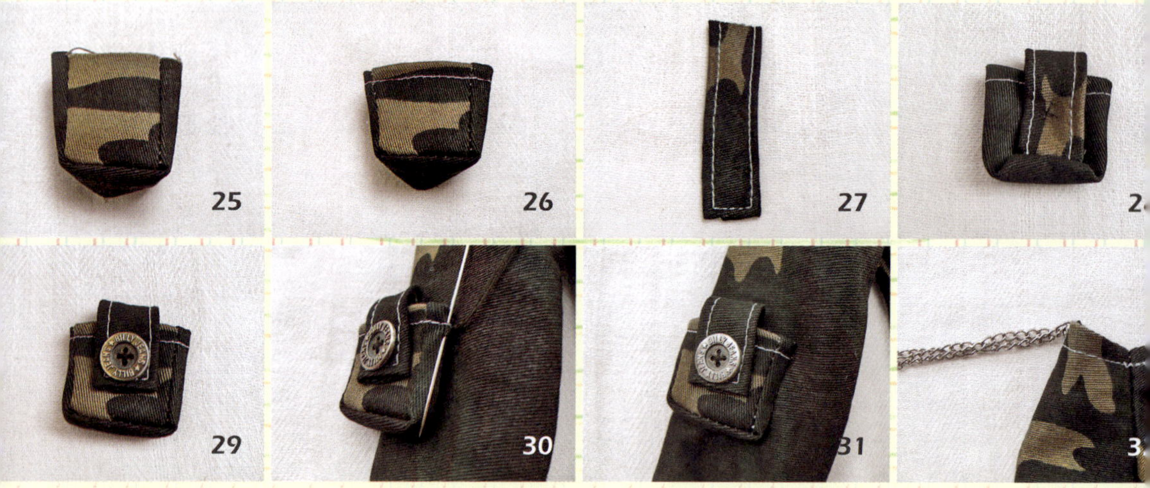

25. 翻转到正面如图
26. 顶端的毛边挽进处理
27. 制作一个长条，边缘压线
28. 固定在做好的口袋后面
29. 在前面缝上扣子
30. 用藏针法固定在裤子侧面
31. 缝好如图
32. 在裤腰部缝上铁链

33. 另外一端缝上压好线的长条
34. 把长条压住铁链，用扣子固定在裤子上
35. 用不织布剪裁出熊头两片
36. 缝上扣子做眼睛
37. 绣出鼻子和耳圈轮廓
38. 把白色和咖啡色不织布固定在一起，在咖啡色不织布后面缝上织带
39. 在织带上缝上按扣
40. 另外一端也缝上按扣的另外一片

41. 大概形状如图
42. 用白色不织布剪裁出骨头两片
43. 锁边法缝合
44. 留出填入口填入睛纶棉
45. 将填口缝合
46. 缝在做好的腰包下面
47. 在前面缝上蝴蝶结做装饰
48. 可爱的腰包就做好啦
49. 制作耳坠一个
50. 最后再制作一双运动鞋，就完工了

41

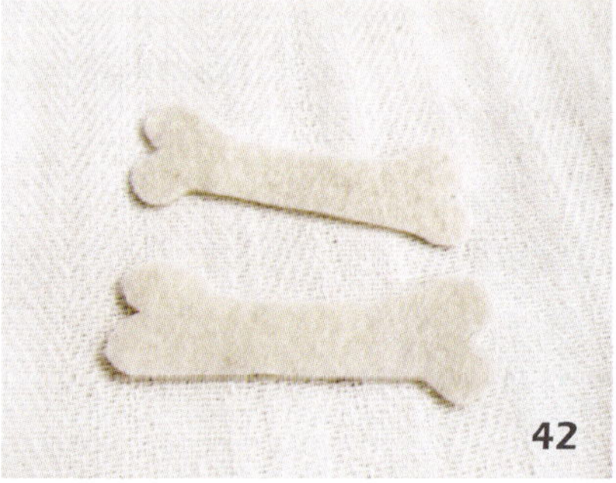
42

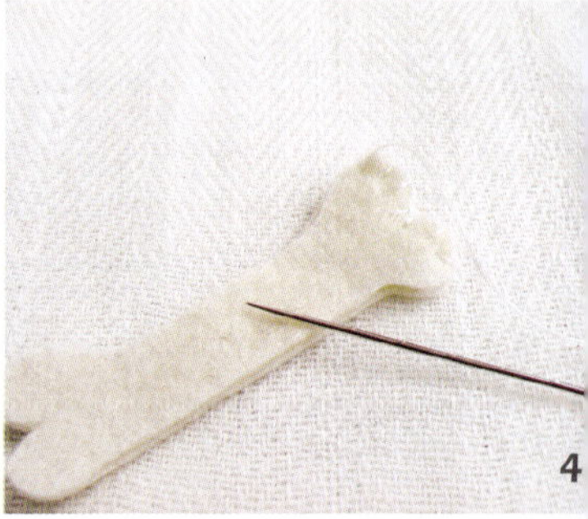
4

47

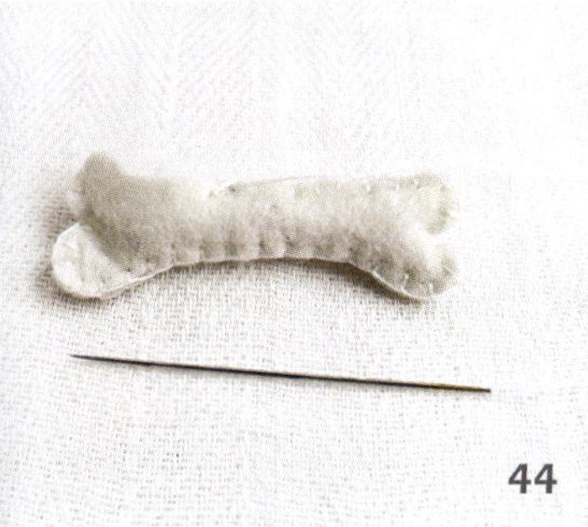
44

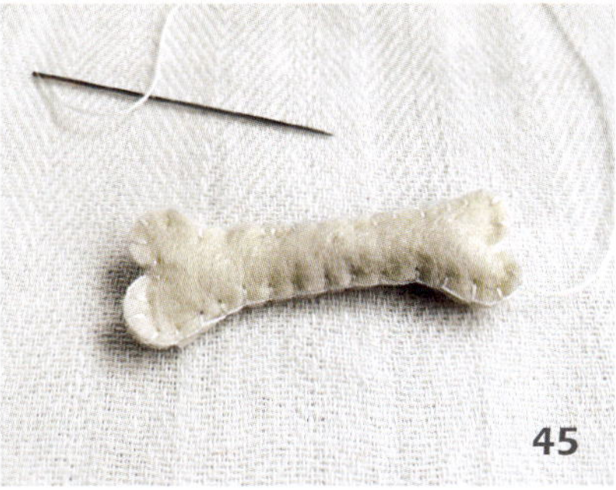
45

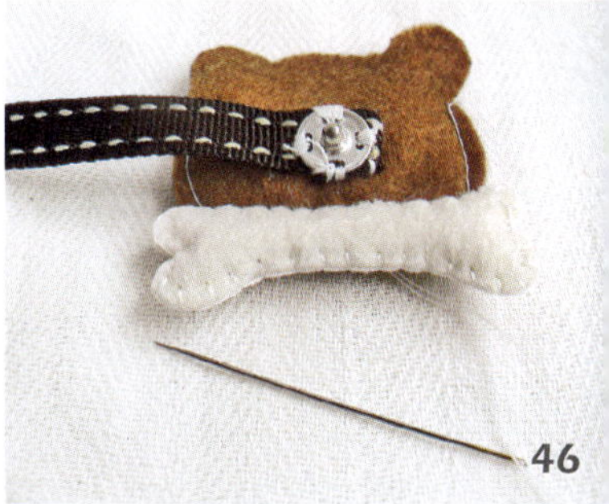
46

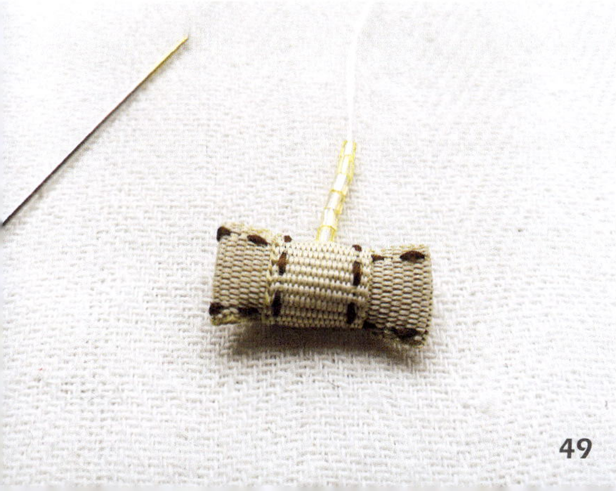
49

50

生日：8月25日
身高：160CM
生肖：猪
星座：处女座
职业：大三女生

狡黠的小姑娘，成绩很棒哦，缺点是有一点洁癖。热爱红色有点挑剔又追求完美。缺乏信心，放得开，不会就此一蹶不振。讨厌虚伪与不正当的事。做事周到、细心、谨慎而有条理。

喜欢高大帅气的男孩，小女生的浪漫主义情结浓厚，沉醉于韩剧。一直记得，97路车站前，因为演唱会而兴奋的男孩女孩突然一下子乱了秩序，从四面八方挤来。那个温文尔雅的男生，突然用力地用双手扒着车门护着我，一边声嘶力竭的吼道，不要挤了！不要挤了！

哈哈，真的好幸福哦！

制作心得

红色、黑色和白色，一直是很经典的组合。和糖果娃娃一起去公园拍摄，于是就有了她们的合影。绿色的椅子，那天陪我去的老公一直叫累，在阳光下休息，我的两个娃娃就有了这组相亲相爱的照片。狗爪子包包曾经经历了返工。完工后，自我感觉比较良好。

好开心，大自然
的感觉真好！

制作过程

需要材料 1. 皮肤色布料 2. 红色、白色、咖啡色、黑色不织布 3. 填充棉 4. 白色毛线 5. 各色扣子 6. 红色、白色、黑色绒布 7. 白色针织布 8. 蜡绳

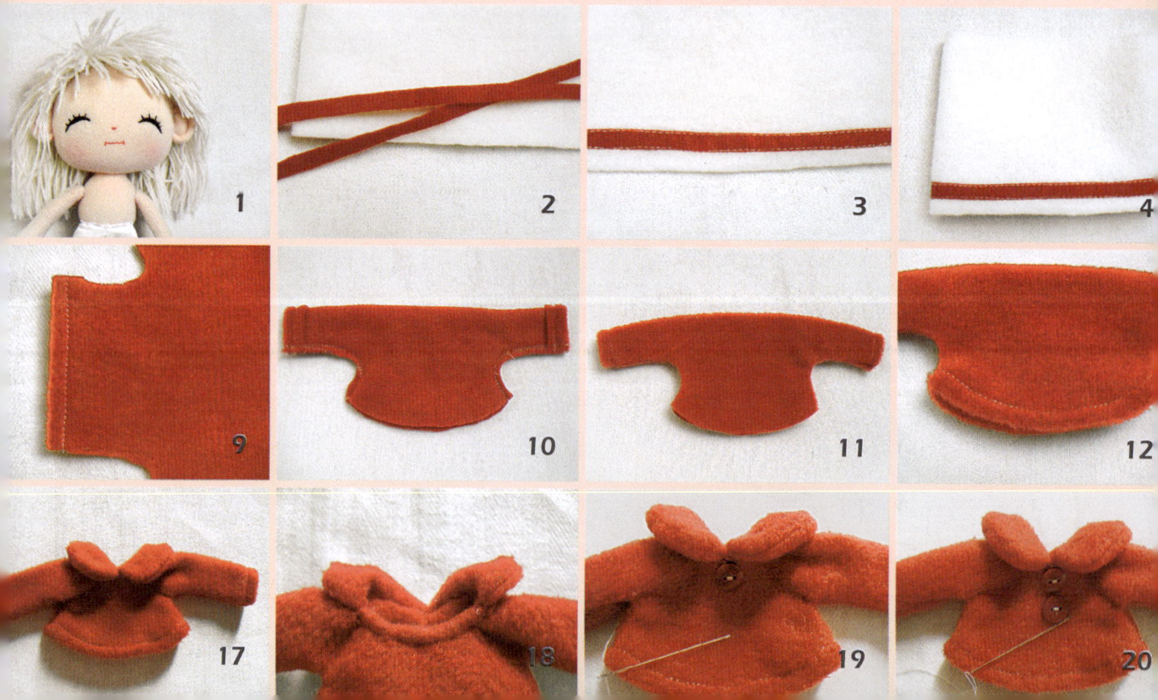

1. 给娃娃缝好头发,绣好五官
2. 准备长方形白色绒布一块,红色不织布长条一根
3. 把红色不织布长条缝在白色绒布上
4. 制作成裙子形状
5. 顶端根据前面方法抽紧
6. 给娃娃穿在身上如图
7. 另外准备红色绒布一块
8. 剪裁出小上衣如图
9. 袖口毛边先挽进去
10. 在反面缝合
11. 翻转到正面
12. 把底端的毛边处理好
13. 挖出领口
14. 剪裁出半圆形四片
15. 分别缝合
16. 翻转到正面当作领子
17. 给娃娃缝在领口
18. 剩下没有缝合的地方,用藏针法挽进去
19. 前面缝上扣子
20. 两个扣子并排缝好
21. 给娃娃穿在身上
22. 用黑色布剪裁好图中形状做帽檐
23. 把帽子后片也剪裁好
24. 两片沿后片圆形部分缝合在一起

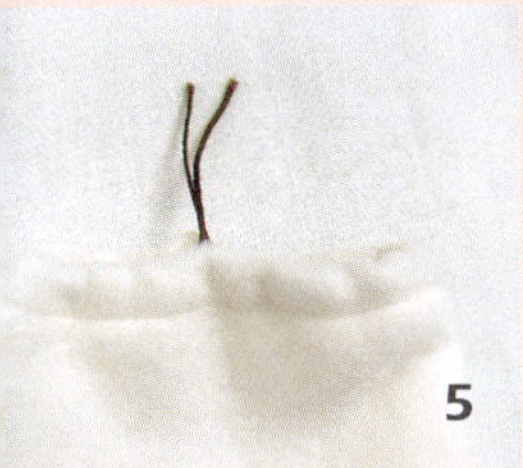
5

6

7

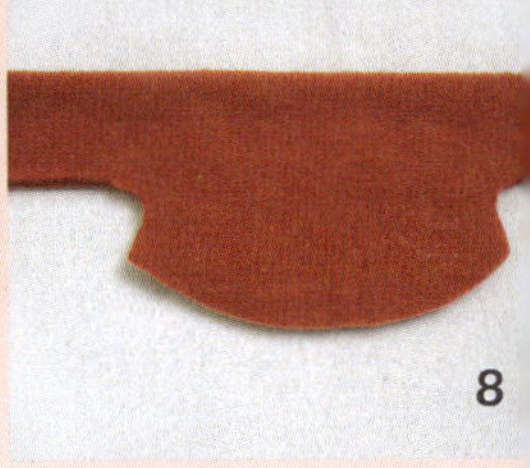
8

13

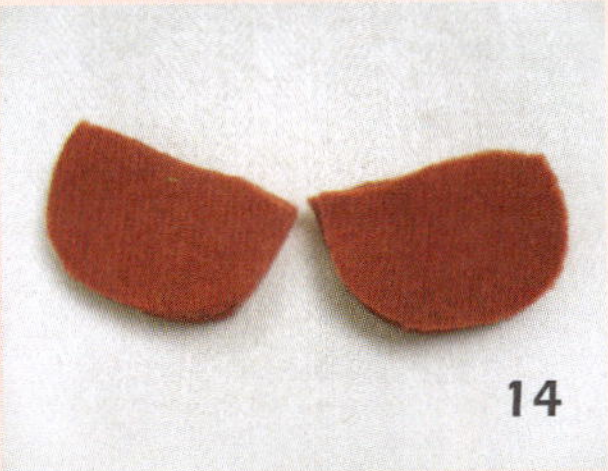
14

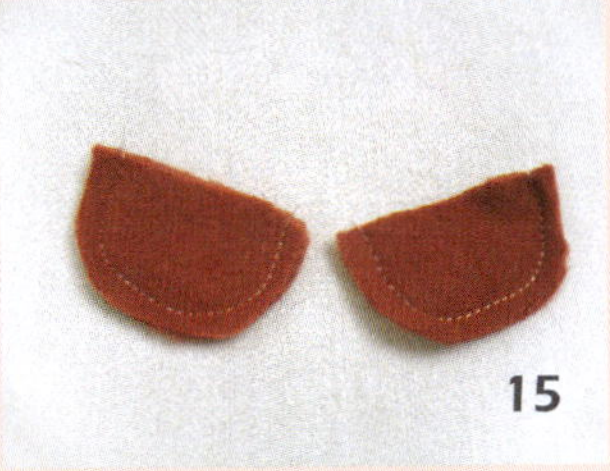
15

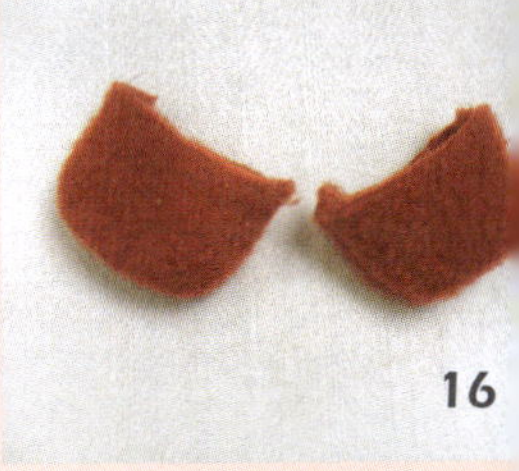
16

21

22

23

24

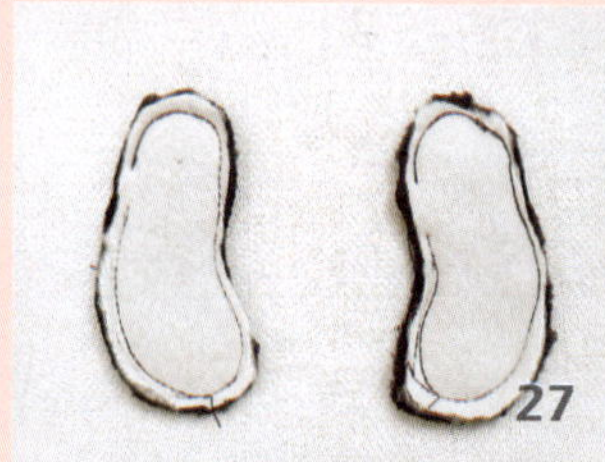

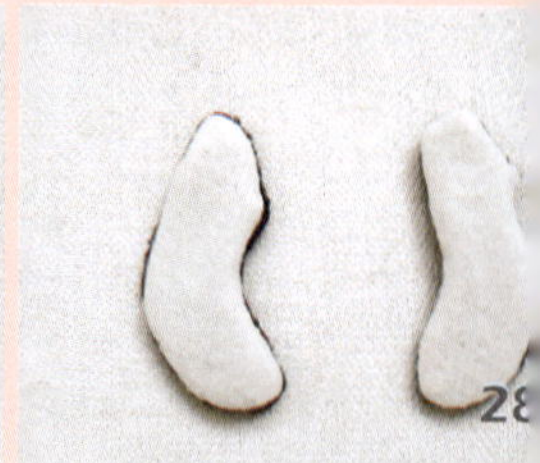

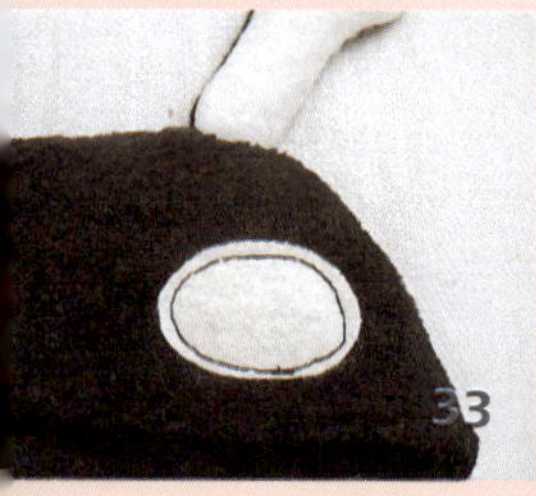

25. 缝好如图
26. 将白色绒布剪裁出小狗耳朵的形状
27. 和黑色绒布缝合在一起，留出翻转口后，把多余部分修剪掉
28. 翻转到正面
29. 填入腈纶棉后把翻转口缝上
30. 缝好如图
31. 缝在帽子顶端的两侧
32. 分别用白色和米色不织布剪裁出大小两个椭圆

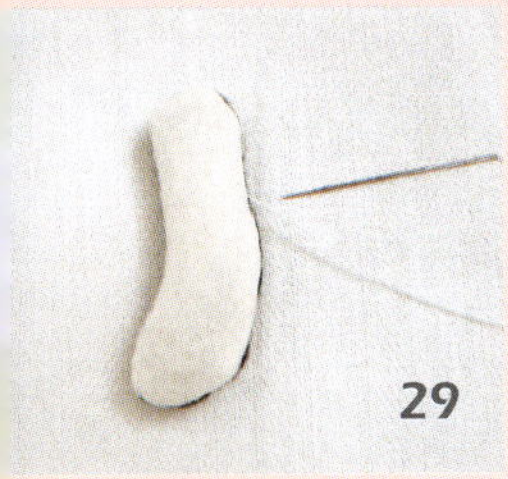
29

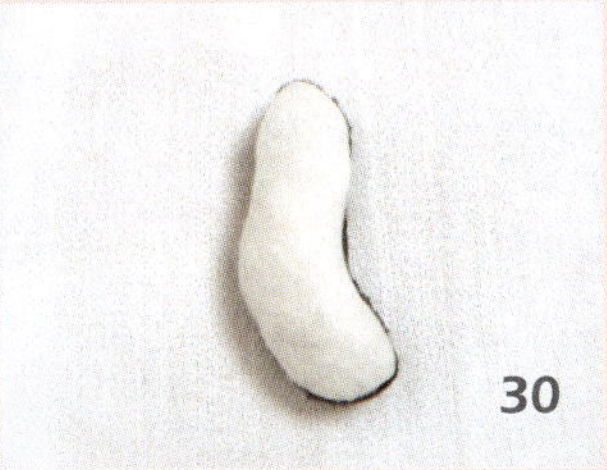
30

31

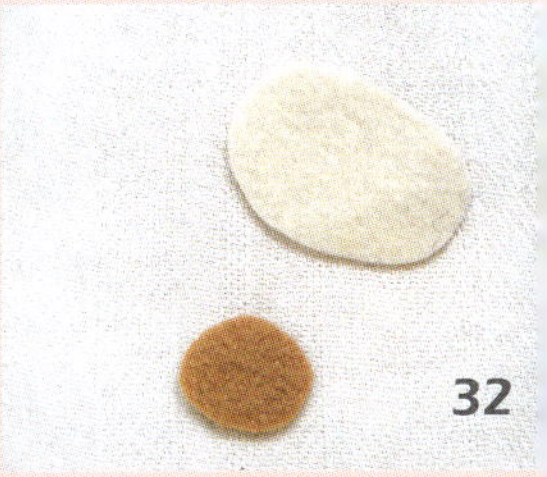
32

37

38

39

40

33. 用黑色线把白色不织布缝在帽子上
34. 两侧缝上扣子
35. 同样用黑色线把米色不织布缝在帽子中间
36. 给娃娃戴上如图
37. 用黑色布剪裁出小狗爪
38. 用白色不织布分别剪裁出手指和手掌
39. 用黑色线缝合固定
40. 准备好一块白色绒布，和黑色在反面缝合
注意留出翻转口

41. 缝好后将多余部分修剪掉
42. 翻转到正面
43. 整理好形状，并且用藏针法把翻转口缝合
44. 用灰色织带制作蝴蝶结一个
45. 先在包后缝上蜡绳，再把蝴蝶结缝上，盖住蜡绳缝合线
46. 包做好如图
47. 用白色不织布剪裁出小狗脑袋两个

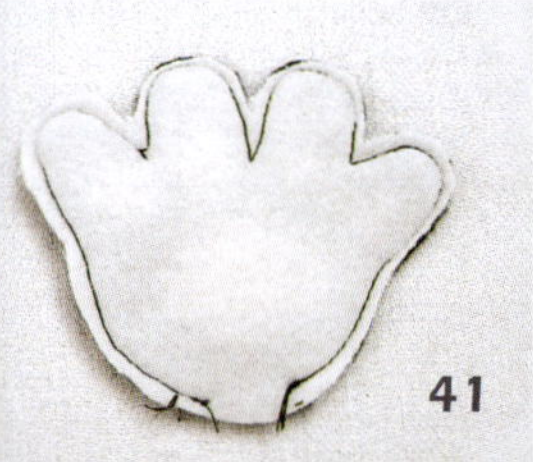
41

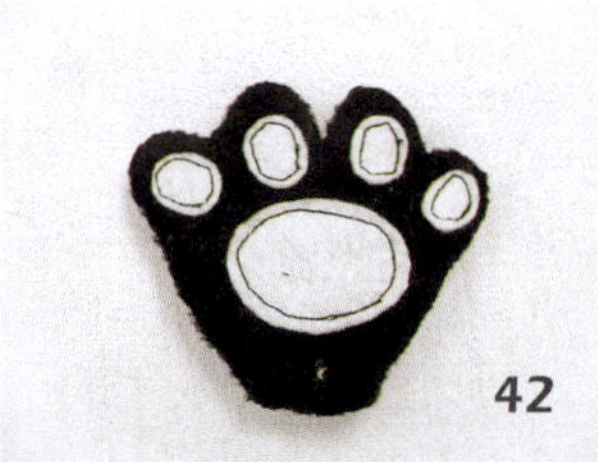
42

43

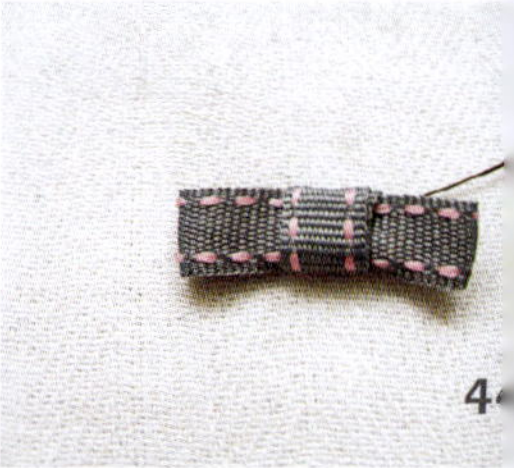
4

49

50

5

48. 用黑色线做眼睛
49. 再绣出鼻子
50. 在小狗脑袋上缝上装饰扣子
51. 给娃娃做袜子一双
52. 剪裁好鞋子各片
53. 根据鞋子制作方法，先后装后片，再安装前片做好鞋子
54. 把小狗缝上，娃娃就完工了

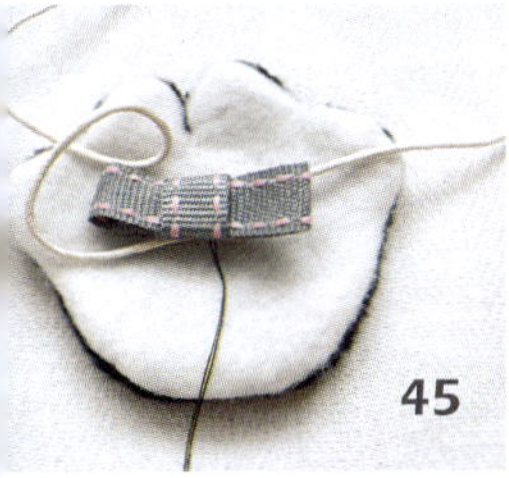
45

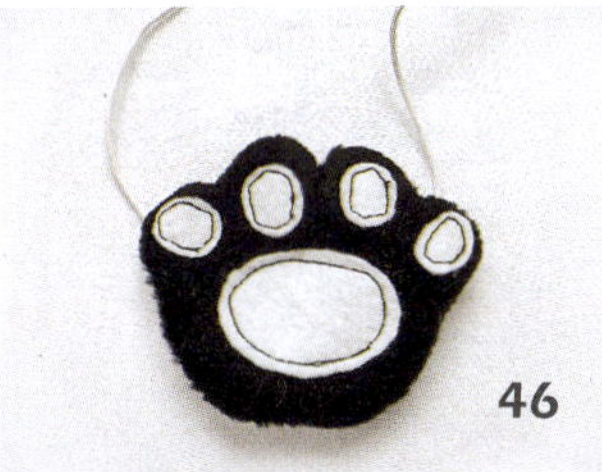
46

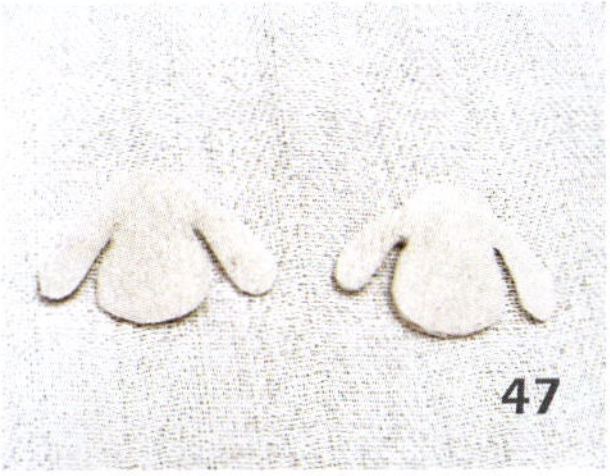
47

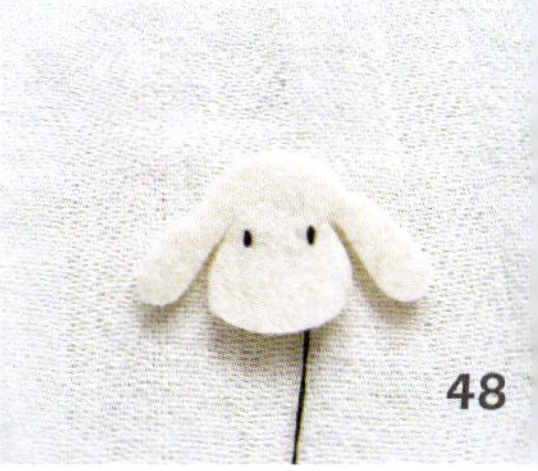
48

52

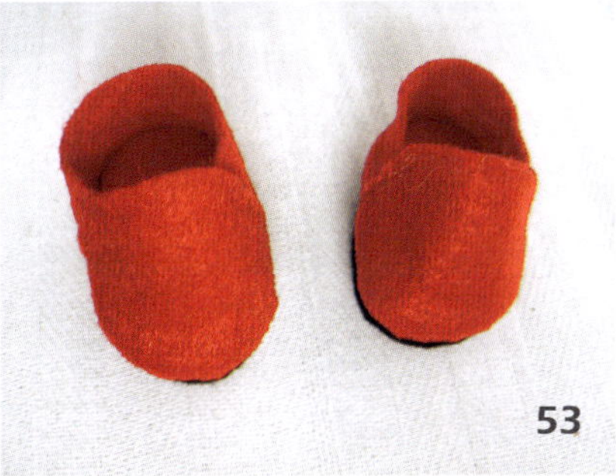
53

54

图纸制作过程

使用说明

1. 衣服尺寸均包括缝边
2. 袜子图纸与娃娃腿下端相同，略大一圈即可
3. 部分尺寸因过大无法绘制一比一图纸，在图中已标注具体尺寸，使用时请看清楚

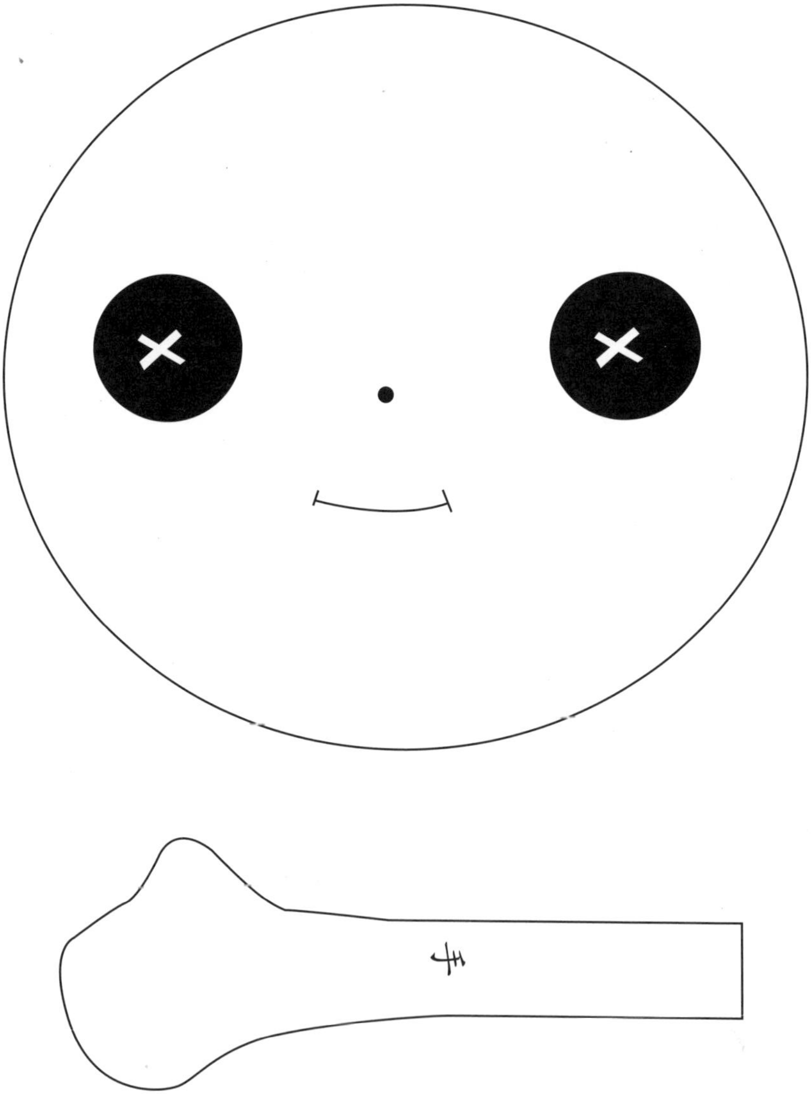

身体图纸

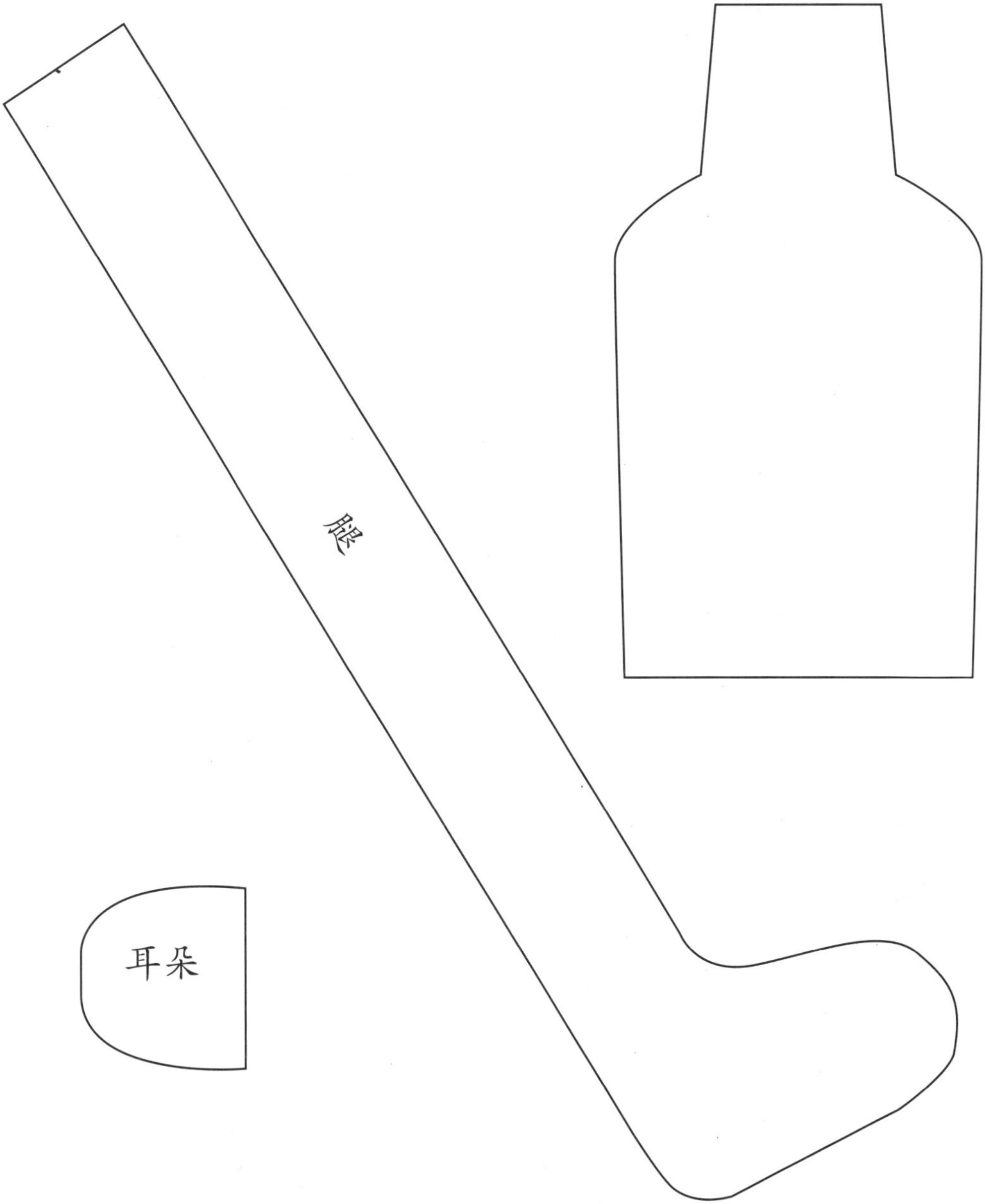
腿
耳朵

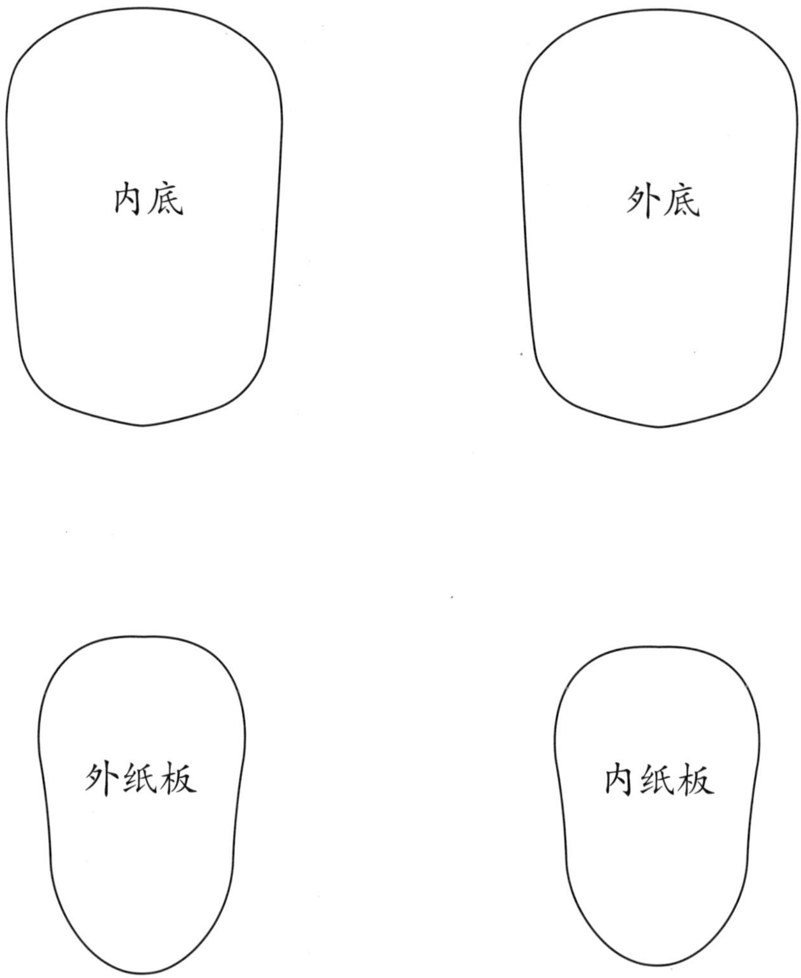

鞋图纸

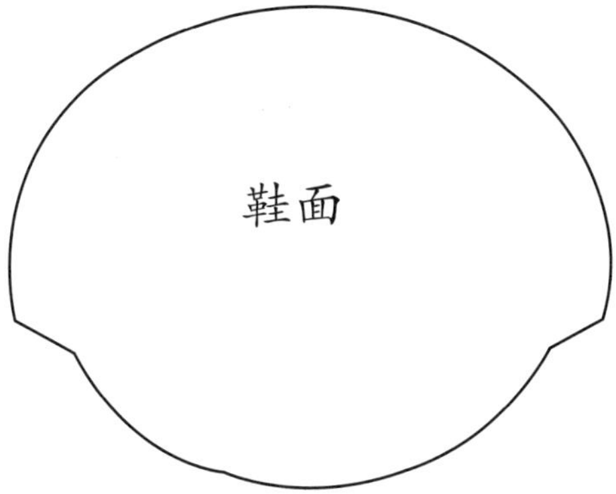
鞋面

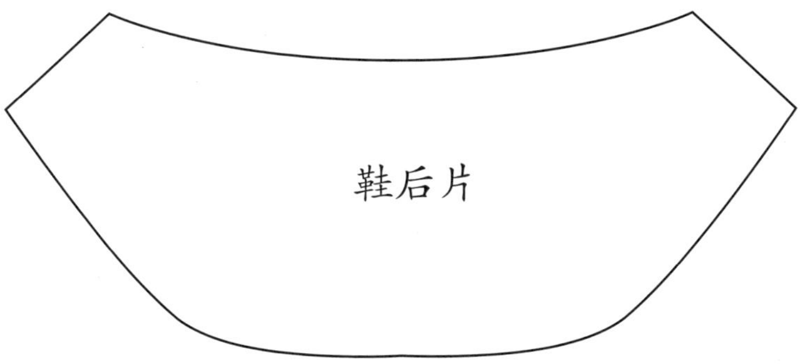
鞋后片

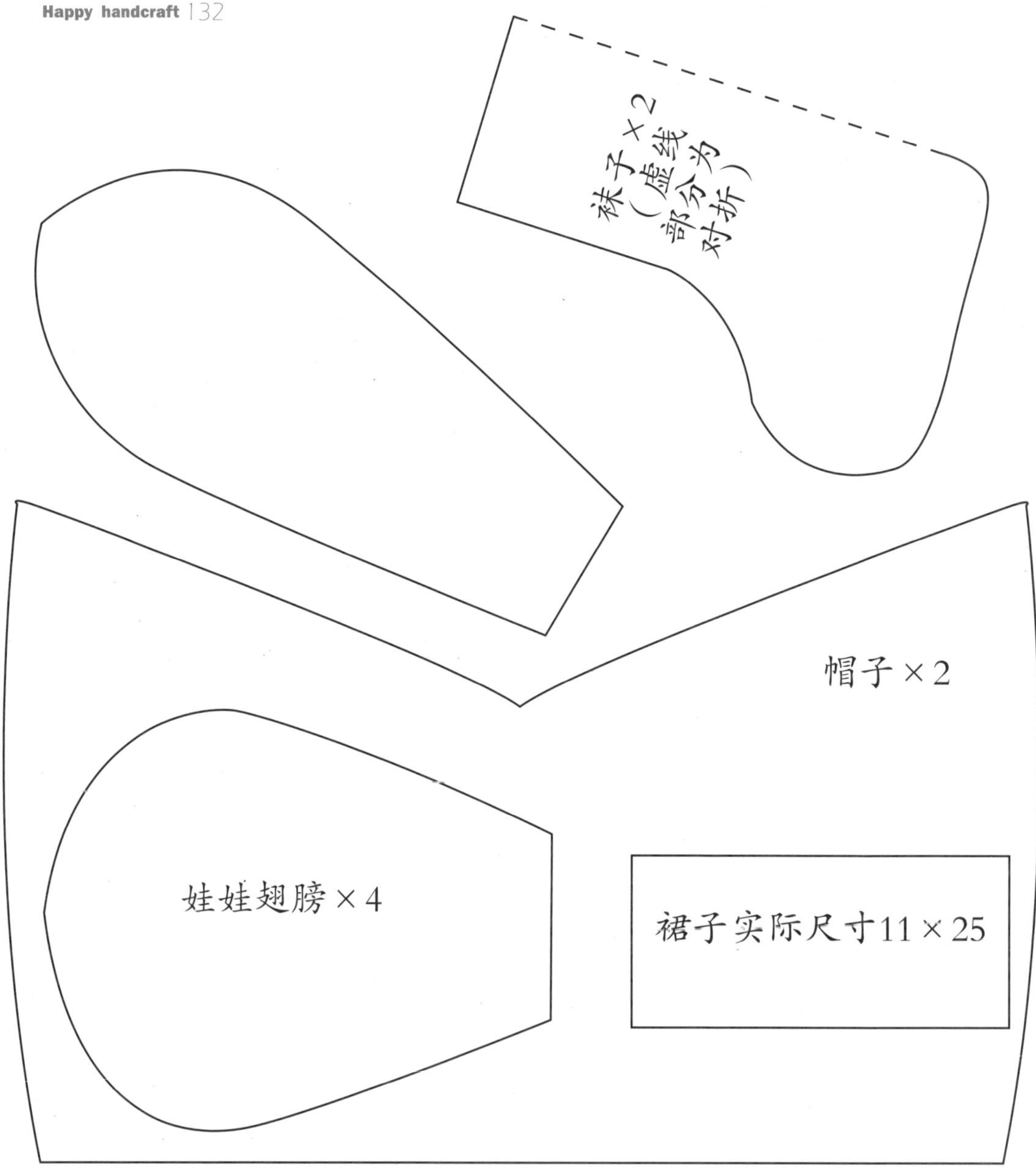

糖果果

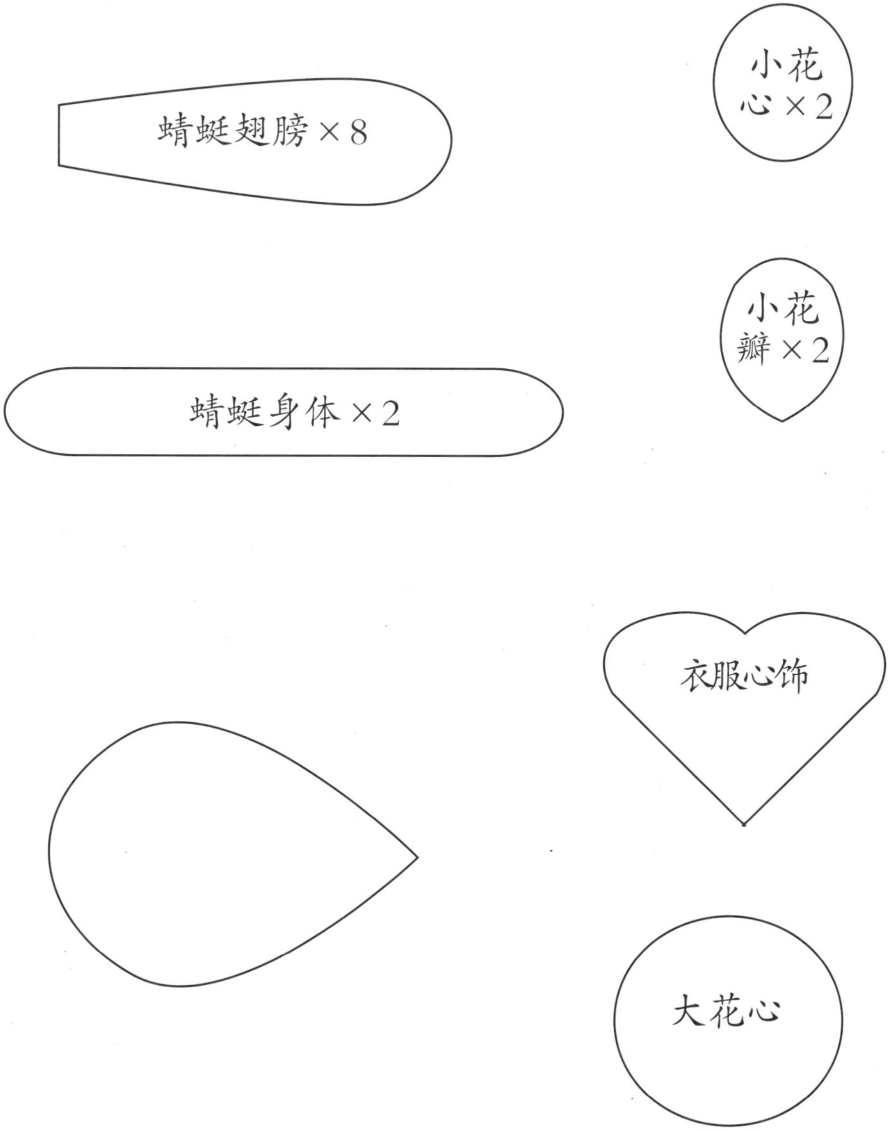
蜻蜓翅膀×8
小花心×2
小花瓣×2
蜻蜓身体×2
衣服心饰
大花心

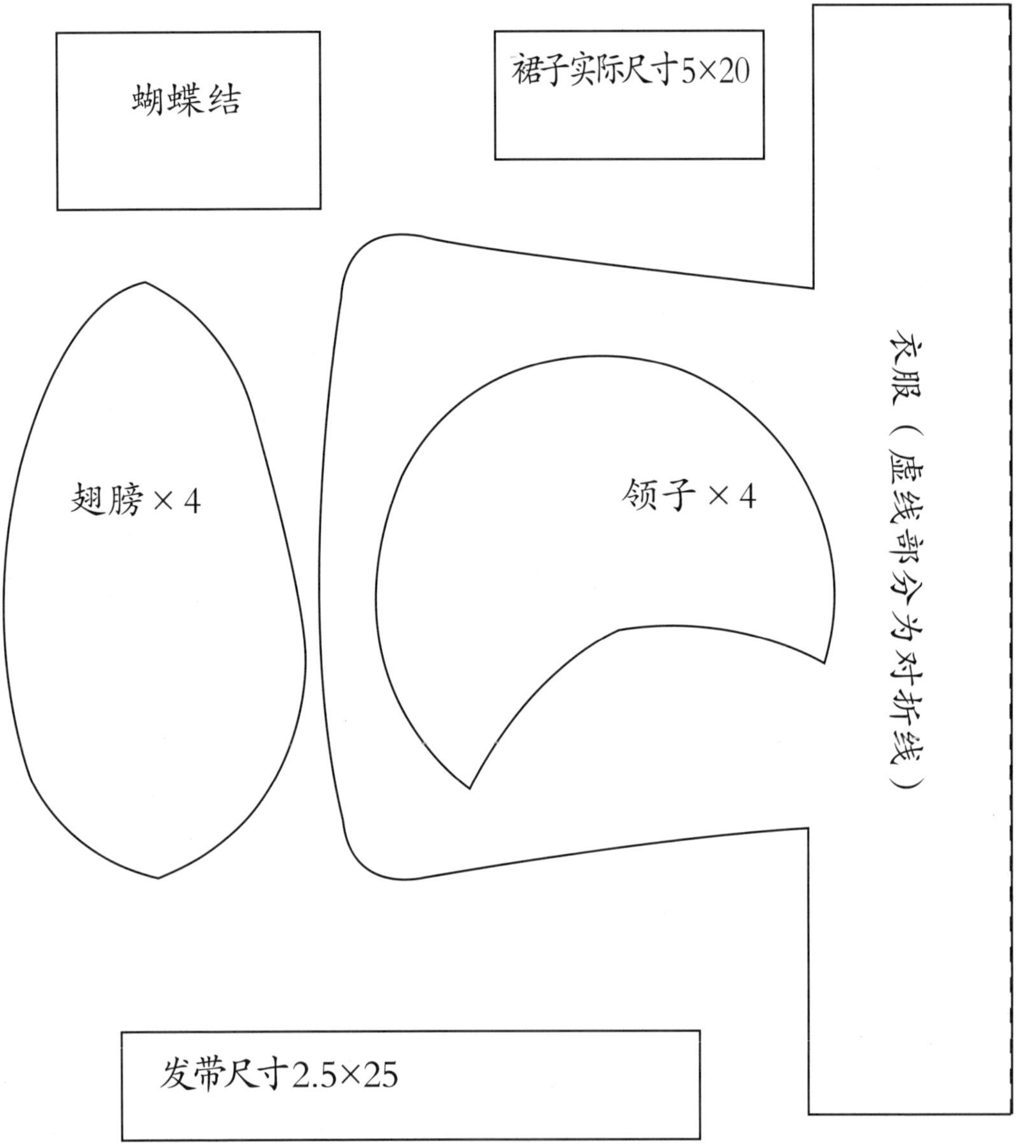

美琪

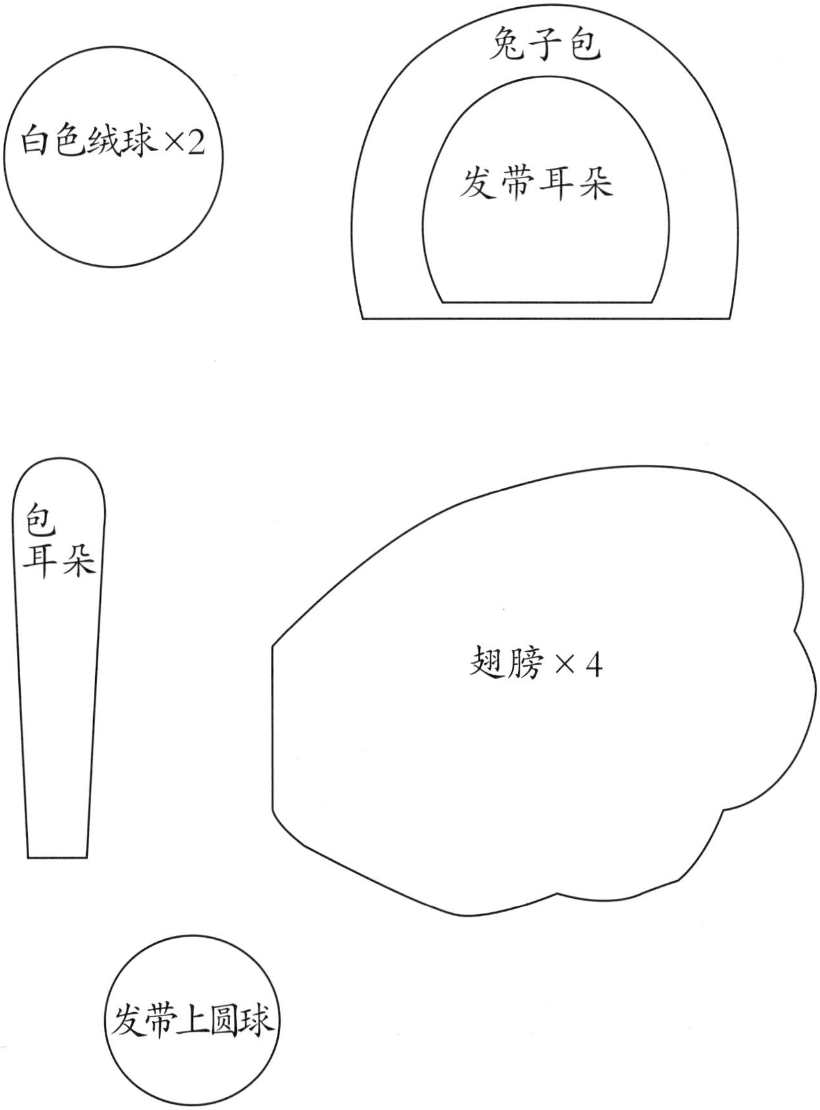
兔子包
白色绒球×2
发带耳朵
包
耳朵
翅膀×4
发带上圆球

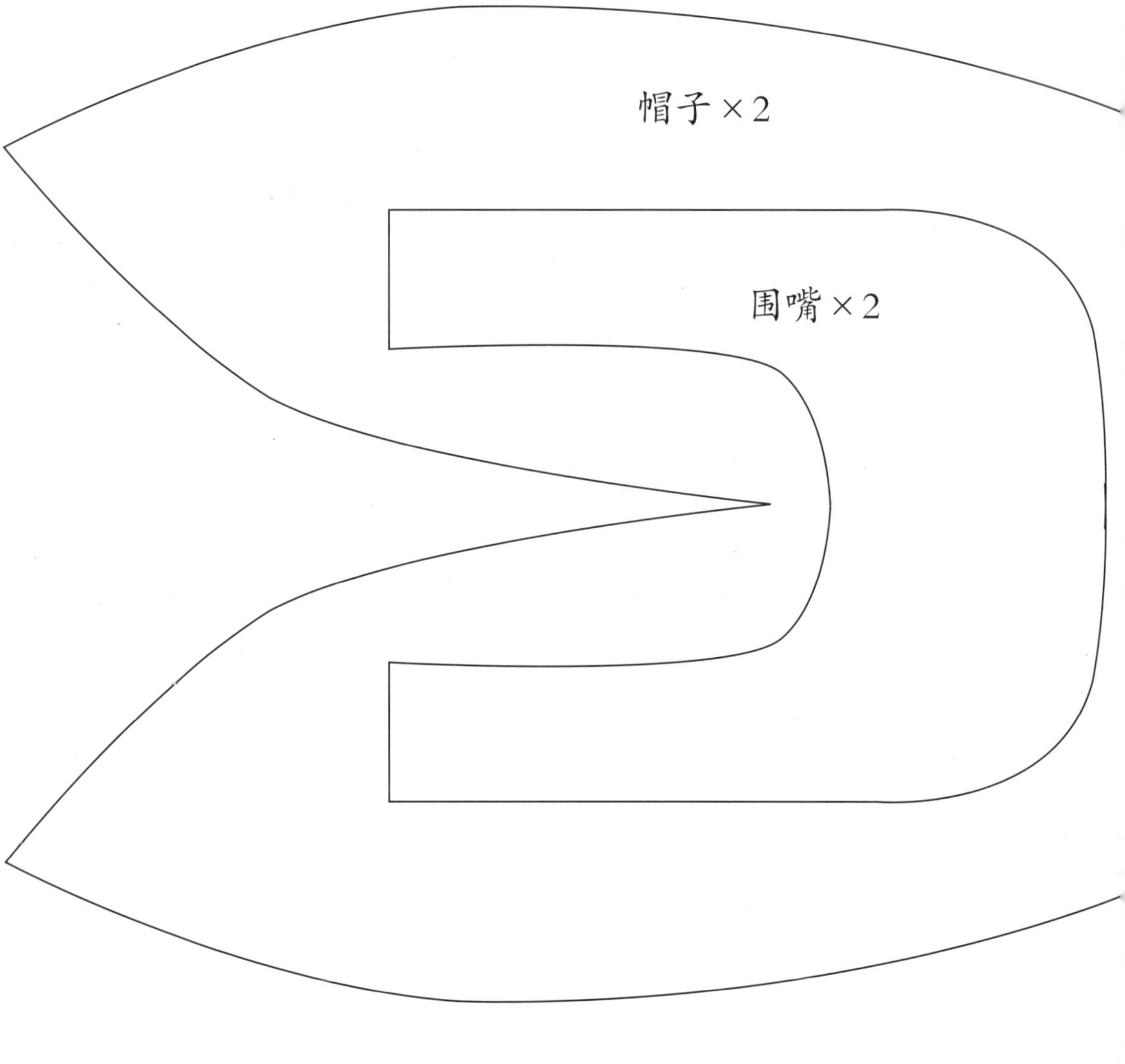

果汁豆